DR. SIEGFRIED BLOCK

LEBEN OHNE GIFT

Neue Wege zur Gesundheit in einer gefährdeten Umwelt: bewußte Ernährung · Diät und Fasten · Heilkräuter · Obst- und Milchkuren · Heilbäder · Frischzellentherapie und andere natürliche Heilmethoden

Weltbild Verlag

Genehmigte Lizenzausgabe für
Weltbild Verlag GmbH, Augsburg 1990

Umschlaggestaltung: Reinhard Borner, Bergisch Gladbach
Satz: Friedrich Pustet, Regensburg
Druck und Bindung: Wiener Verlag, Himberg bei Wien

Printed in Austria
ISBN 3-89350-270-X

Inhalt

Vorwort

»Der Mensch«, sagte der französische Philosoph Montaigne (1533–1592), »stirbt nicht, er bringt sich um.« Und obwohl jeder Mensch seinen Tod als eine unverschuldete Gewalttat empfindet, haben wir uns an ihn gewöhnt. Wir akzeptieren ihn. Das heißt aber nicht, daß wir ihn begriffen haben. Im Grunde genommen wissen wir heute nicht viel mehr über den Tod als Montaigne vor 400 Jahren.

Die Ursache dafür ist, daß es den »natürlichen Tod« nicht gibt. Die Menschen sterben an Hirn- oder Herzschlag, an Krebs, an Lungenentzündung, an zahllosen anderen Krankheiten und – an Hunger. Niemand wird behaupten, daß das »natürliche Ursachen« sind.

Selbst bei Hundertjährigen, die die Ärzte nach deren Tode obduziert hatten, konnten keine natürlichen Todesursachen festgestellt werden. Eine Vergiftung, eine Infektion, eine Verkalkung der Adern – all das sind Ursachen, die mit der Natur des Menschen nichts zu tun haben. Sie werden von außen an ihn herangetragen. Bleiben diese Störungen aus, dann bleibt auch der Tod aus. Der Mensch lebt weiter. Er wird älter. Seine Widerstandskraft wird immer geringer. Schließlich genügt schon eine winzige Schädigung, um ihn zu töten. Ohne diese Schädigung aber würde das Leben nicht aufhören.

Ewig?

Nein. Aber lange, sehr lange nicht. Der berühmte englische Altersforscher Alexander Comfort gab dieser Überzeugung einen sehr plastischen Ausdruck. Er schrieb vor drei Jahrzehnten: »Wenn wir während des ganzen Lebens gegenüber Streß und Krankheiten die gleiche Resistenz behielten wie im Alter von zehn

Jahren, könnte die Hälfte von uns eine Lebenserwartung von etwa siebenhundert Jahren haben. Aber beim Menschen wie bei einigen Tieren nimmt die Resistenz gegen Krankheiten und allgemeine Störungen mit zunehmendem Alter progressiv ab, und die alten Menschen sterben an Ursachen, die sie nicht getötet hätten, als sie noch jung waren. Dieser Vorgang ist gleichbedeutend mit Greisentum und Altern.«

Dieser Glaube an eine annähernde Unsterblichkeit des Menschen, wenn gewaltsam vernichtende Ursachen von ihm ferngehalten werden, geht auf ein Experiment zurück, das der französische Physiologe Alexis Carrel um die Jahrhundertwende begann und dessen Ergebnisse er 30 Jahre später einer staunenden Öffentlichkeit vorlegte. Es besagte: Der Mensch ist unsterblich, wenn auch nur in seinen Einzelteilen. Carrels Experiment hatte bewiesen, daß Gewebezellen, wenn sie in einer optimalen Lösung von 37° Celsius ernährt werden, sich teilen und teilen – bis in alle Ewigkeit. Aus einer Zelle werden zwei, dann vier, dann acht und immer so weiter. Kein Sterben, kein Tod, keine Leichen ...

Carrel hat dieses Experiment mit Kükenzellen gemacht. Ohne schädigende Einflüsse überlebten die Zellen den ihrer Rasse innewohnenden Tod, ohne irgendwelche Abnutzungserscheinungen zu zeigen.

Später stellte sich heraus, daß Carrel zu einem Fehlschluß gekommen war. Schuld daran waren die mangelhaften technischen Einrichtungen jener Zeit: Carrel ernährte seine Zellen mit gemahlenen Hühnerembryonen. Dieser Gewebebrei wurde in eine Zentrifuge gegeben. Die abzentrifugierte Lösung kam auf die Zellkultur.

Weil die Zentrifuge jedoch nicht einwandfrei funktionierte, gerieten immer wieder Embryonenzellen in die Nährflüssigkeit. Dadurch wurden die Carrelschen Zellkulturen stets von neuem revitalisiert.

Embryonenzellen als Mittel gegen Altersvorgänge,

zur Stärkung der Abwehrkraft, zur Entgiftung des Organismus von seinen eigenen Zersetzungsprodukten? Niehans, der Entdecker der Frischzellentherapie, den mit Carrel Freundschaft und Forschungseifer verbanden, hat aus dem Mißgeschick seines Kollegen eine epochale Erkenntnis gewonnen: Embryonale Zellen heilen, entgiften und revitalisieren altes, verbrauchtes Gewebe.

Wird es aber dadurch unsterblich?

Leonard Hayflick, Mikrobiologe an der Stanford Universität, USA, unterzog das Carrelsche Experiment einer streng überwachten Nachprüfung. Das war im Jahre 1966, und die technischen Möglichkeiten schlossen Fehlerquellen nahezu aus.

Statt der Hühnerembryonen benutzte Hayflick menschliches, embryonales Zellgewebe. Es entwickelte sich außerordentlich gut. Die Bedingungen waren vorzüglich: Kein Nahrungsmangel, kein Sauerstoffmangel, kein Krankheitserreger konnte dem Zellgewebe Schaden zufügen. Trotzdem starben die Zellen ganz plötzlich.

Was war geschehen?

Nichts. Es gab keine Ursache, keine erklärbare Begründung. Nach genau 50 Teilungen hatten die Zellen einfach aufgehört zu leben.

Hayflock wiederholte das Experiment wieder und wieder: Aus Zellen entstanden Tochterzellen. Durch die in ihnen gespeicherten Erbinformationen wurden fünfzigmal genaue Kopien des Urbildes hergestellt. Dann war Schluß. Hayflick folgerte daraus, daß die Lebensdauer der menschlichen Zellen durch eine innere genetische Uhr »auf diese Zahl begrenzt sei«.

Inzwischen ist es Wissenschaftlern gelungen, diese magische Grenze zu überschreiten. Aber für den Normalfall gilt: Die Zellen des Menschen teilen sich fünfzigmal, dann hält eine ihnen innewohnende Kraft das Pendel der Lebensuhr an.

Fünfzig Zellteilungen – das heißt: Dem Menschen

sind 120 Jahre zugebilligt. Die wenigsten erreichen dieses Alter. Aber es gibt auch Ausnahmen, die es überschreiten. Der Türke Debe Baba ist, so heißt es, 1938 im Alter von 157 Jahren gestorben. Er kannte nur zwei Regelmäßigkeiten in seinem Leben: Er rauchte wie ein Schlot und aß Tag für Tag ein Kilo Joghurt.

Der Theologieprofessor Niemayr aus Halle in Sachsen berichtete 1807 von einem Mann namens Petracz Czarten, der 185 Jahre alt geworden sein soll. Der Mann, den Niemayr beschreibt, war ein armer Teufel, der von Haus zu Haus ging, um sich Almosen zu erbetteln. Er konnte bis zuletzt recht gut sehen und hatte auch noch einige Zähne im Mund. Kopfhaar und Bart waren grünlich-weiß.

In der Sowjetunion leben, der Statistik zufolge, etwa 22 000 Menschen, die über 100, 592, die sogar über 120 Jahre alt sind.

Nun muß man allen diesen Meldungen über Uralte mit Vorsicht begegnen. In vielen Ländern wurden weit ins 19. Jahrhundert hinein keine Kirchenbücher geführt. Das heißt: Die Geburt eines Menschen wurde »amtlich« nicht zur Kenntnis genommen. Man war auf Aussagen von Eltern und Verwandten angewiesen, und natürlich darauf, was der Betreffende selbst angab.

Diese Angaben waren durchaus nicht immer zuverlässig. Es stellte sich nur zu oft heraus, daß sich viele Menschen aus Eitelkeit nicht nur ein paar Jahre jünger machen, sondern daß sie auch gerne mit ihrem Alter protzen. Hundert oder mehr Jahre rücken sie in den Mittelpunkt des Interesses. Respekt, Verehrung und möglicherweise auch einige materielle Vorteile sind ihnen sicher. Manche Altersangaben aber beruhen auch schlicht auf einem Irrtum.

Lassen Sie mich trotzdem noch von einem Uralten berichten, dessen biblisches Alter einigermaßen verbürgt scheint. Er lebte im 17. Jahrhundert in England. Sein Name war Thomas Parr. Er wäre nie bekannt geworden, wenn er nicht in den englischen Gerichtsakten vermerkt worden wäre.

Parr arbeitete als Knecht bei Bauern und Gutsbesitzern. Er führte ein karges, redliches Leben – bis zu seinem 100. Lebensjahr. Da wurde er vor Gericht gestellt. Ein Mädchen hatte ihn angeklagt, der Vater ihres vor wenigen Wochen geborenen Kindes zu sein.

Der alte Sünder mußte sich zur Buße mit einem weißen Tuch über dem Kopf und einer Kerze in den Händen vor die Kirchentür stellen.

Durch diesen Gerichtsprozeß wurde der Leibarzt König Karls I., William Harvey, auf den alten Landarbeiter aufmerksam. Harvey war schon damals, und er ist es auch heute noch, ein berühmter Wissenschaftler. Er entdeckte den Blutkreislauf und sah das Ei als den Ursprung des Lebens an.

Harveys Aufzeichnungen verdanken wir die Kenntnis vom Leben des Thomas Parr. Zwanzig Jahre nach dem Gerichtsverfahren, also mit 120, heiratete Parr noch einmal. Er arbeitete bis zu seinem 130. Lebensjahr auf den Feldern. Dann versorgten ihn seine Kinder und seine Frau mit dem Notwendigsten. Sein Leben lang hatte er einfache, fast ärmliche Kost zu sich genommen. Er war nie krank gewesen und hatte immer hart gearbeitet.

Schließlich berichtete Harvey seinem König von diesem ältesten Untertanen. Karl I. wollte ihn sehen, wollte dem armen Alten etwas Gutes zukommen lassen: eine üppige Mahlzeit an einem reichgedeckten Tisch. Sie ist dem Alten schlecht bekommen. Er starb mit 152 Jahren an diesem ersten fetten Bissen seines Lebens.

Die Geschichte hört sich anekdotisch an. Und vielleicht ist einiges an ihr auch Legende. Was aber bleibt, sind die Gerichtsakten und der erstaunliche Obduktionsbefund des zuverlässigen Wissenschaftlers Harvey. In ihm wird aufgeführt, daß die Skelettmuskulatur des Toten kräftig gewesen sei. Das Herz wird als groß, dick und fibrös bezeichnet. Die Nieren waren in Fett gebettet, die Rippenknorpel waren elastisch. Harvey bezeichnete alle Organe als groß und gut durchsaftet. Er hatte keine Anzeichen von Degeneration oder Verfall gefunden. Die Braunverfärbung von Herz und Leber, übliche Anzeichen des fortgeschrittenen Altersprozesses, fehlte. Adernverkalkung, die Krankheit, von der heute schon jeder Fünfzigjährige befallen ist, wird in dem Protokoll nicht erwähnt. Einem so erfahrenen und peniblen Praktiker wie Harvey wäre sie sicher nicht entgangen. Für die Beschreibung der Organe gebrauchte er sehr häufig die Worte »sound« und »healthy« (unbeschädigt und gesund).

Als Todesursache vermutete er ein Versagen der linken Herzkammer infolge muskulärer Schwäche.

Was diesen Fall so interessant macht, ist nicht allein die Tatsache, daß Thomas Parr annähernd doppelt so alt geworden ist, wie es uns die Bibel verheißen hat, sondern daß er starb, als er zum erstenmal aus seiner gewohnten Umgebung herausgerissen wurde und seine Lebensweise geändert hat. Bemerkenswert ist auch, daß ihn der Tod bei guter Gesundheit und ungebrochener Vitalität ereilte.

Seit der Steinzeit ist die durchschnittliche Lebenserwartung des Menschen um etwa 50 Jahre gestiegen. Ein Verdienst der Zivilisation und der Wissenschaft. Aber das zu erreichende Höchstalter ist unverändert geblieben. Das heißt noch immer – wenn es hoch kommt – 80 Jahre. Manchmal ein wenig mehr, meistens jedoch weniger. Die mehr als Hundertjährigen sind so selten wie zu Methusalems Zeiten.

Sehen wir von den Ausnahmen ab und beschränken wir uns auf das allgemein Mögliche, auf die uns zustehenden 120 Jahre, für die die Natur den Menschen programmiert hat.

Die Frage ist: Warum sterben wir 40 Jahre zu früh? Sind die Lebensgewohnheiten des Menschen falsch? Was müßte er anders machen? Ißt er zuviel oder zuwenig, zu fett oder zu mager, zuviel oder zuwenig Fleisch, sollte er mehr oder weniger Gemüse und Salate essen? Schläft er zu lange oder zu kurz? Oder rauchen und trinken wir zuviel? Strengen wir uns zu sehr an oder zu wenig? Sind wir zu eifrig oder zu träge?

Auf alle diese Fragen gibt es zahllose und oft widersprüchliche Antworten. Lebensweise und Ernährung sind zu einer Art Kult geworden, dem sich Millionen williger unterwerfen als den Geboten der Religion. Aber was immer wir tun und lassen: Jedes Beispiel läßt sich mit einem Gegenbeispiel widerlegen. Fleischesser werden nicht älter und sterben kaum früher als Rohköstler. Abstinenzler haben keine längere Lebenserwartung als jene, die einen guten Tropfen und einen kräftigen Schluck lieben. Wer lange schläft, lebt deshalb noch nicht länger. Und die Genießer werden nicht früher zu Grabe getragen als die Asketen.

Sicher ist nur eines: *Jedes* Unmaß kostet uns Jahre unseres Lebens. Aber umgekehrt kann man leider nicht behaupten, daß Mäßigung mit einer echten Lebensverlängerung belohnt würde.

Der Mensch, so hat Sigmund Freud, der Vater der Psychoanalyse, behauptet, gehöre einer Gattung an, die nicht mit besonders viel Geistesgaben ausgestattet sei. Darüber wollen wir nicht streiten. Aber mit dem Gehirn, das uns nun einmal gegeben wurde, haben wir immerhin Forscher, Ärzte und Naturwissenschaftler hervorgebracht, die sich seit Jahrtausenden damit beschäftigen, wie man den Menschen, wenn schon nicht unsterblich, so doch wenigstens so alt machen kann, wie er den seiner Gattung innewohnenden Naturgesetzen nach werden könnte.

Ein Wundermittel zur Verlängerung des Lebens, sooft das auch angepriesen wird, gibt es nicht. Geborgenheit, materielle Sicherheit und würdige Lebensumstände tragen mit am stärksten dazu bei, daß wir nicht vor der Zeit sterben.

Aber, wie schon gesagt, einen Alterstod, der allein durch die hohe Zahl der Jahre herbeigeführt wird, gibt es nicht. Der Zellverband Mensch bleibt so lange intakt, solange sein Organismus nicht geschädigt wird.

Geschädigt aber wird er, darin sind sich die Wissenschaftler einig, in erster Linie durch Giftstoffe, die den Alterungsprozeß beschleunigen. Das sind:

- Fehler in der Eiweißbildung der einzelnen Zellen – die Biochemiker sprechen von sogenannten »nonsens«-Eiweißstoffen.
- Anhäufung eines sogenannten »Alterspigments«, eines Giftstoffes, der die Regenerationsfähigkeit der Zellen behindert.
- Erschöpfung einer noch unbekannten Lebensenergie, da diese nach einer vorprogrammierten Zahl von Zellteilungen erlischt.

Der Arzt kann das Alter eines Menschen aus dem chemisch-biologischen Zustand seines Körpers bestimmen. Zum Beispiel aus dem Wassergehalt des Organismus. Beim Säugling beträgt er 90, im Alter nur noch 80 Prozent. Die Trockensubstanz hat sich also verdoppelt.

Vor allem das Binde- und Stützgewebe, Knorpel, Knochen, Bänder, Bandscheiben und sogar die Augenlinsen trocknen aus. Die Eiweißverbindungen, also die Blutgefäße und viele andere Organe, verlieren an Elastizität.

Die Folgen sind das, was wir unter den sogenannten Alterserscheinungen verstehen: Arterienverkalkung, eingeschränkte Beweglichkeit, Verminderung der Seh- und Hörfähigkeit.

Wann aber diese Verminderungen eintreten, ist individuell außerordentlich verschieden. Das biologische Alter eines Menschen hat wenig mit seinem Geburtsdatum zu tun.

Die Ursachen von Leben und Tod, Gesundheit und Krankheit, Vitalität und Verfall, liegen, das scheint festzustehen, in der Zelle. Die Ursache, daß diese Zellen früher, als ihnen bestimmt ist, geschädigt werden, liegt in uns.

Unser Glaube an die Chemie, an die allmächtige Rezept- und Apparatemedizin hat uns bisher nicht viel genützt. Der Fortschritt hat uns den Sieg über viele Infektionskrankheiten, aber auch das Waldsterben und die Umweltvergiftung gebracht.

Was uns not tut, ist die Erkenntnis, daß vieles, was unser Leben genußvoller macht, es gleichzeitig auch verkürzt. Die Chemie nimmt uns die Schmerzen, die Unruhe, die Angst und die Schlaflosigkeit. Aber das sind die Symptome, nicht die Ursachen unserer Leiden. Die Geißeln unseres Jahrhunderts, den Krebs und den Herztod, hat sie nicht besiegen können. Das Gebot der Zeit ist eine Rückbesinnung auf die Natur. Wie können wir mit Methoden der Naturheilmedizin unseren Körper, den Stoffwechsel unserer Zellen entgiften? Welche Wirkstoffe können Gifte abwehren, abbauen, ausschwemmen? Welche Heilverfahren können unseren Körper immun machen, gegen Gase, Säuren, gegen äußere Gifte und gegen die Giftstoffe, die sich im Laufe des Lebens in unserem Körper bilden und unser Leben verkürzen?

Wenn wir diese Methoden kennen und individuell anwenden, dann werden wir sicherlich nicht so alt wie Thomas Parr, aber wir können ein vorzeitiges Altwerden und einen verfrühten Kräfteverfall verhindern.

Unser Körper besitzt die Fähigkeit, eingetragene Schädigungen selbst wieder zu beheben. Wenn wir ihm dabei helfen und dafür sorgen, daß er keine neuerlichen Schädigungen erleidet, dann kann das Leben wirklich mit 50 oder auch mit 60 neu beginnen. Ein gesunder Siebzigjähriger hat physisch mehr gemeinsam mit einem Dreißigjährigen als mit einem kranken Altersgenossen. Nicht von unseren Jahren, sondern von unserer Leistungsfähigkeit und unserer Vitalität hängen Erfolg und Mißerfolg, Schaffenskraft, Lebensfreude und Erlebnisfähigkeit ab, und schließlich auch die Wertschätzung, die wir im Umgang mit anderen Menschen erfahren.

Die Gifte in der Geschichte der Menschheit

Von Giftmorden und Liebestränken – Die geheimnisvollen Todesfälle im französischen Königshaus – Wie Mister Bliss amerikanische Straßen entstaubte – Wie Gift in Erde, Wasser und Luft kommt – Chemie: Segen und Fluch zugleich – Die größte Gefahr: unsere Unkenntnis

Der Täter wird in flagranti nie ertappt. Herstellung und Anwendung von Giften sind heute noch genauso lichtscheu wie vor Tausenden von Jahren. Auch die Furcht vor dem Gift ist nicht geringer geworden. Nur ihre Qualität hat sich gewandelt. Während in den vergangenen Jahrhunderten der einzelne in ständiger Angst lebte, aus Rache, Habgier, Neid, Rivalität, Eifersucht oder auch nur als Versuchsobjekt vergiftet zu werden, betrachten wir heute die Allgegenwart von Giften als ein kollektives Schicksal, das uns deshalb jedoch nicht weniger Furcht einflößt.

Zu allen Zeiten hat dieser Angst immer auch etwas von Hysterie angehaftet. Sehr verständlich. Denn Vergiftungen geschehen lautlos. Die Zahl ihrer Opfer bleibt ebenso geheim wie die der Täter. Niemand kann mit Sicherheit sagen, ob Asien oder Europa das Ursprungsland der Giftkenntnisse und der Giftmorde gewesen ist. Aber hier wie dort haben Gifte in allen Jahrhunderten eine unheilvolle Rolle gespielt. Mächtige und Ohnmächtige haben sich ihrer bedient: der Mächtige straflos unter Verhöhnung des Gesetzes, der Unterdrückte listig und oft mit dem Leben dafür büßend – beide heimlich.

Im Gegensatz zu allen anderen Tötungsarten haftete dem Giftmord stets das Signum der Feigheit und Hinterlist an. Seit die Griechen Hekate, die Tochter der Nacht, zur Erfinderin des Giftes stempelten, waren und sind es die Frauen, denen man am ehesten die Kenntnis der Gifte und die Tücke ihrer Anwendung zutraut. Zu Unrecht – wie die Geschichte lehrt. Es waren die Männer, vor allem die Mächtigen unter ihnen, die sich Gift in ungeheuren Mengen beschafften und wohl auch anwendeten.

Der römische Kaiser Caracalla (186–217) zum Beispiel ließ sich aus Asien Gifte im Werte von siebeneinhalb Millionen Denare kommen.

Die Anwendung von Gift mag nicht gerade alltäglich gewesen sein. Aber sie war auch nicht die Ausnahme. Die Kenntnis der Gifte, ihrer Wirkung, und die Art, wie man sie dem Opfer beibrachte, gehörten zum täglichen Leben. Und beinahe ebenso selbstverständlich hatte jede Zeit ihre eigenen, zugegebenermaßen noch unvollkommenen Rezepte, wie man sich vor der unheilvollen Wirkung schützte.

Vor 2000 Jahren schrieb der griechische Arzt Dioskurides eine Arzneimittellehre, die bis ins Mittelalter hineinwirkte. Darin hieß es: »Die Vorbeugung gegen Gifte ist schwierig, weil die, welche heimlich Gift geben, es so anstellen, daß auch die Erfahrensten getäuscht werden. Sie nehmen den Giften die Bitterkeit, indem sie Süßes hinzufügen, und den schlechten Geruch verdecken sie durch Duftmittel. Sie mischen Gifte auch in Arzneimittel, die, wie sie wissen, zu Gesundungszwecken gegeben werden. Sie tun Gifte in Getränke, Suppen, in Wein, Honigwasser, in Linsengerichte und anderes, was eßbar ist.«

Beinahe zwangsläufig hatten die Mächtigen, die den regsten Gebrauch vom Gift machten, auch die größte Angst, selbst dessen Opfer zu werden. Kaum ein Herrscher, der Ärzte und Scharlatane, die ihm angeblich wirksame Gegenmittel anpriesen, nicht hoch belohnte.

König Rudolf I. (1218–1291) trug stets die Hirnschale

und die Zunge einer Schlange bei sich. »... vom Volke Noterzunge genannt. Sie besitzt die Kraft, Gift zu verraten.«

In dem Ruf, besonders wirksam zu sein, stand das Horn des legendären Einhorns. Da das Einhorn nur in der Phantasie der Märchenerzähler und Wunderdoktoren existierte, wurde der Zahn eines Wals dafür ausgegeben. Das Horn sollte aus »Abscheu vor der Unreinheit der Speisen zu schwitzen beginnen, wenn es mit Gift in Berührung käme«.

Papst Clemens VII. (1478–1534) schenkte seiner Nichte Catharina von Medici zu ihrer Hochzeit mit dem König von Frankreich ein Einhorn, für dessen Fassung Benvenuto Cellini den Entwurf lieferte. Eine überaus kostbare Gabe. Denn zu jener Zeit kostete ein Pfund Gold 148 ecus, ein Pfund Einhorn aber 1536 ecus.

Bürger und Bauern, die sich das Einhorn nicht leisten konnten, erwarben zumindest einen Schlangenzahn, der anzeigen sollte, ob das Salz vergiftet war. Es gab zu jener Zeit kaum einen Haushalt, in dem der Schlangenzahn nicht an einer kleinen Kette am Salzfaß befestigt war. Bis weit ins 17. Jahrhundert stand neben dem Tisch ein kleiner Schrank, die Kredenz (credere = vertrauen). In ihm wurden alle möglichen Mittel, Halbedelsteine, das Hörnchen der Hornviper, ein Adlerfuß und die Schlangenzunge, die Gift anzeigen sollten, sorgfältig unter Verschluß gehalten.

Papst Innocenz VIII. (1432–1492) hat, als er im Sterben lag und einen Giftanschlag vermutete, auf den Rat seines Arztes als Gegenmittel das Blut von drei zehnjährigen Knaben getrunken. Es hat ihm nicht geholfen, und der Arzt ist aus Angst vor Strafe geflohen. Auch Ludwig XI. (1423–1483) von Frankreich wollte sich durch das Trinken von Kinderblut gegen Gift immun machen.

Diesem Mittel und ungezählten anderen absonderlichen und ekelerregenden Maßnahmen lag der Irrglaube zugrunde, daß Gott, »dessen Apoteck die Erde ist«, für jedes Gift auch ein Gegengift geschaffen habe, »damit der Mensch keinen Schaden leiden könne«.

Der berühmte französische Chirurg Ambroise Paré (1510–1590) machte sich lustig über diesen Aberglauben. Er versuchte Karl IX., dem späteren König, klarzumachen, daß die Mittel, die der Herrscher für besonders wirksam hielt, ein Extrakt aus den Mägen von Ziegen und Antilopen, völlig nutzlos waren. Aber Karl wollte den Beweis. Einem zum Tode verurteilten Verbrecher wurde erst Gift, dann das angebliche Gegenmittel eingegeben. Der Delinquent starb unter entsetzlichen Qualen.

Am Hofe Ludwig XIV. (1638–1715) und XV. (1710 bis 1774) kamen diese martialischen Kuren außer Mode. Weiterhin unumgänglich aber war das Vorkosten aller Speisen und Getränke, das seit Jahrhunderten an den Tafeln der Reichen üblich war. Zwar wußte man, daß es Gifte gab, die erst nach längerer Zeit ihre Wirkung zeigten, aber das Vorkosten war doch ein annähernder Schutz. Und da man zu jener Zeit glaubte, daß selbst der Duft oder die Berührung eines vergifteten Gegenstandes tödlich sein könnte, war ein Edelmann bei Hofe verpflichtet, alles, was auf den Tisch des Königs kam, Teller, Bestecke, Servietten und Zahnstocher, mit einem Stück Brot, das der Mundschenk anschließend essen mußte, zu berühren.

Wie wenig diese Mittel halfen, beweist die geradezu abnorme Zahl der Todesfälle in der Familie des Sonnenkönigs. Während seiner Regierungszeit (1643 bis 1715) starben aus ungeklärten Ursachen seine Schwägerin, die Herzogin von Orléans, die Königin, Ludwigs einziger Sohn, der Thronfolger, die Thronfolgerin Marie Adelaide von Savoyen, der Herzog de la Trémouille, der älteste Sohn des Thronfolgerpaares, der Herzog von Bretagne und schließlich Karl, der Herzog von Berri.

In jedem Falle vermutete man Gift – ein unbewiesener Verdacht, denn die Kenntnisse jener Zeit machten eine chemische Analyse unmöglich. Einen Giftmischer hatte man zur Hand: Philipp, den Herzog von Orléans, einen Neffen Ludwigs XIV., der ein Laboratorium besaß, in dem er chemische Studien betrieb. Philipp wurde als schuldlos befunden, und das Sterben in der Familie Bourbon blieb unaufgeklärt.

Aber die Todesfälle durch Gift wurden so zahlreich, daß man sie als »die im Dunkeln schleichende Pest« bezeichnete. Ludwig XIV. sah sich schließlich gezwungen, die Todesstrafe nicht nur für den vollendeten Giftmord, sondern auch für den Versuch, ja, sogar für die Absicht, anzudrohen.

Noch im 19. Jahrhundert, einer Zeit also, die als aufgeklärt gilt, war die Angst vor Gift so allgegenwärtig, daß das Volk von Sizilien den Ausbruch der Cholera im Jahre 1837 nicht den schlechten sanitären Verhältnissen zuschrieb, sondern der Heimtücke seines Königs. Ferdinand II. (1810–1859), so behaupteten die Sizilianer, habe den Ärzten befohlen, seine Untertanen zu vergiften.

Es starben 27 000 Menschen. Darunter waren auch ungezählte Männer und Frauen, die nicht der Seuche zum Opfer fielen, sondern die man einfach erschlug, weil man sie im Verdacht hatte, Vergifter zu sein.

Daß die Cholera so entsetzlich wüten konnte, lag vor allem auch daran, daß man den Ärzten mißtraute. Die Kranken wurden vor ihnen versteckt, und man weigerte sich, Arzneien zu nehmen. Ein Brunnenmeister wurde erdrosselt, weil man ihn beschuldigte, das Wasser vergiftet zu haben. Einen zwölfjährigen Jungen, der eine Blechschachtel trug, schleppte die aufgebrachte Menge zur Polizeiwache, weil man glaubte, er trage Gift bei sich. In der Schachtel waren Kürbiskerne. Aber selbst der Augenschein besänftigte die Volkswut nicht. Das Kind mußte die Kerne essen. Erst als es am nächsten Tag noch am Leben war, wurde ihm seine Freiheit wiedergegeben.

Wie groß das Mißtrauen gegen die Obrigkeit war, erwies sich auch 15 Jahre später, als 1853 die Cholera in Paris ausbrach. Das Volk beklagte nicht die Epidemie, es beschuldigte vielmehr die Regierung, Getreide und Wasserquellen vergiftet zu haben.

Diese Giftangst hat dazu geführt, daß die Strafen für den Gebrauch von Giften drakonisch waren. In Indien hat es ein Gesetz gegeben, das jeden, der ein Gift entdeckte und nicht gleichzeitig das Gegengift entwikkelte, mit dem Tode bedrohte. Wem jedoch beides gelang, der wurde mit hohen Auszeichnungen belohnt.

In Persien wurde der Kopf des Giftmischers zwischen zwei Steinen zermalmt. In Rom strafte man nach dem Grundsatz: »Es ist schlimmer, einen Menschen durch Gift umzubringen als durch das Schwert.« Sklaven wurden gekreuzigt, Bürger von geringem Stand den wilden Tieren vorgeworfen, wer jedoch Rang und Würde besaß, mußte lediglich mit seiner Verbannung rechnen.

Im 16. Jahrhundert wurden Giftmischer langsam in siedendem Wasser verbrüht, oder man brach ihnen mit dem Rad die Glieder. In Breslau, so berichtet der Chronist, wurde ein Sohn, der seinen Vater vergiftet hatte, »auf einem Brett von einer Gasse zur anderen geschleift, mit heißen Zangen gezwickt, nachmals ihm Arme und Beine mit dem Rad zerstoßen.«

Giftmischerinnen wurden üblicherweise geköpft oder, nachdem man ihnen eine Hand abgehauen hatte, ertränkt. Das alte Griechenland war in seinen Strafen humaner. Der Giftmörder wurde zwar auch hier mit dem Tode bestraft. Wenn jedoch das Opfer mit dem Leben davonkam, konnte das Gericht auf Körperverletzung erkennen – und die Strafe mildern.

Es gibt keinen Zweifel, daß die Wirkung von Giften in früheren Zeiten an Menschen ausprobiert wurde. Von König Mithridates (1. Jahrhundert vor Christi) ist überliefert, daß er geradezu besessen war von dem

Wunsch, sich Kenntnisse zu verschaffen über die Wirkung der Gifte. Er erprobte sie an Missetätern. Und er ist möglicherweise der erste, der zu dem Schluß gelangte, daß das häufige Einnehmen geringer Mengen an Gift eine Art Immunität verleiht. Er muß dies häufig ausprobiert haben. Denn als Pompejus ihn schließlich besiegte, gelang es Mithridates zwar, mit einem Giftbecher seine Frauen und seine Kinder zu töten, aber der Rest, den er selbst trank, blieb bei ihm wirkungslos. Der Giftmischer, der einen Menschen schon ermordete, weil der ihn im Wettrennen besiegt hatte, konnte sich selbst nicht vergiften. Er wurde schließlich mit dem Schwert erstochen.

Es war fast zwangsläufig, daß eine Regierung wie die des alten Griechenlands, im Gift ein schnell wirkendes Mittel sah, die Todesstrafe zu vollstrecken. Gift zerstörte nicht die Form des menschlichen Körpers wie das rohe Zerfleischen durch wilde Tiere oder das Herabstürzen vom Tarpeijschen Felsen. Man nimmt an, daß Gift als gesetzliches Tötungsmittel in Athen etwa 400 vor Christi eingeführt worden ist.

Der giftkundige Thrasias aus Mantinea soll eine Mischung aus Schierling und Mohnsaft empfohlen haben.

Damit hatte Thrasias eine relativ humane Hinrichtung erreichen wollen. Opium vermindert die Angst und den Schmerz. Es bringt den Schlaf, der langsam in den Tod übergleitet. Der Schierling lähmt jenes Zentrum im Gehirn, das die Atmung reguliert. Der Delinquent erstickt.

So leicht allerdings wollte Athen seine Verbrecher nicht davonkommen lassen. Es strich das Opium aus dem Todesrezept und verabreichte nur den Schierling, der den Vergifteten bei vollem Bewußtsein sterben läßt.

Überliefert ist der Ausspruch des Plinius: »Der

Schierling ist auch ein Gift, verhaßt durch den Gebrauch, den man in Athen davon machte, um Verbrecher zu töten.«

Ihre traurige Berühmtheit hat diese Art der Hinrichtung durch den Tod des Sokrates erlangt. Er wurde zum Trinken des Schierlingbechers verurteilt, weil er »unterirdische und himmlische Dinge untersucht und Unrecht zu Recht macht und dies auch andere lehrt«.

Der Scharfrichter reichte Sokrates den Trank mit den Worten: »Nichts anderes hast du zu tun, als wenn du getrunken hast, herumzugehen, bis die Beine dir schwer werden, und dann dich niederzulegen.«

Der Schierling bewirkt durch seinen Gehalt an den Alkaloiden Coniin und Conydrin eine Lähmung der motorischen und sensiblen Nervenendapparate, des Rückenmarks und schließlich des Gehirns. Dem Tod gehen leichte Krämpfe voraus.

Bis ins 16. Jahrhundert kannte man im allgemeinen nur Pflanzengifte. Die am häufigsten verwendeten waren außer dem Schierling Bilsenkraut, Nieswurz, Stechapfel, Mandragora (aus der Alraune) und Aconid, ein Hahnenfußgewächs, dem man wahre Zauberwirkung zuschrieb. Aconid wird aus den Knollen der Pflanze, die das Alkaloid Akonin enthalten, gewonnen.

Dem Aconid wurde angedichtet, daß es, wenn man die genaue Dosierung kannte, den Tod nach zwei Wochen, zwei Monaten oder auch erst nach zwei Jahren herbeiführen konnte. Eine derartige Wirkung wäre wahrhaftig eine Art Lebensversicherung für den Mörder gewesen. Sie gehörte jedoch, wie so vieles, was man damals den Giften zuschrieb, in den Bereich des Aberglaubens.

Daß Gifte nicht nur töten, sondern in entsprechender Dosierung auch heilen konnten, war bekannt. Aber die allgemeine Giftangst war so groß, daß sich das Mißtrauen auch gegen jene richtete, die mit Giften berufsmäßig und straflos umgingen: gegen die Ärzte.

Plato forderte, daß ein Arzt, der nicht etwa einen Menschen, sondern allein dessen Tiere oder auch Bienen durch Gift umbrachte, mit dem Tode bestraft werden sollte. Bei einem anderen Bürger sollte das gleiche Vergehen lediglich mit einer Buße belegt werden, die in das Ermessen des Richters zu stellen wäre. Diese Forderung Platos wurde nicht erfüllt. Aber es war allen Ärzten untersagt, Gift zu verabreichen. Und der Schwur, den die Jünger des Äskulap, des Gottes der Heilkünste, ablegen mußten, enthielt den Satz, »auch auf Bitten niemandem ein tödliches Gift zu gewähren«.

Sicher ist, daß in den folgenden Jahrhunderten die Ärzte oft aus Leichtfertigkeit, mehr noch aus Unwissenheit, diesen Eid gebrochen haben. Plinius sagte: »Es ist kein Gesetz vorhanden, das die Unwissenheit straft ... Auf unsere Gefahr hin lernen sie und machen Versuche durch Tötungen. Nur der Arzt tötet ungestraft.«

Ganz so war es nicht, besonders dann nicht, wenn der Arzt im Dienste eines Mächtigen stand. In diesem Falle lief er, wenn seine Kunst versagte, immer Gefahr, mit dem eigenen Leben für den Mißerfolg bezahlen zu müssen. Ein Beispiel: Als Cossinus, ein Freund des Kaisers Nero an einer Schuppenflechte erkrankte, ließ der Herrscher einen berühmten Arzt aus Ägypten kommen. Der Jünger des Äskulap erprobte verschiedene Getränke und Salben. Sie blieben ohne Wirkung. Schließlich verordnete er seinem Patienten ein Getränk aus spanischer Fliege. Daran ist Cossinus gestorben. Diesen Tod hat auch der Arzt nicht überlebt.

Wieviele Menschen an zu hohen und deshalb giftigen Dosen von Arzneimitteln gestorben sind, läßt sich nicht einmal schätzen. Überliefert werden immer nur die Fälle der Mächtigen und Reichen. So starb Ende des sechsten Jahrhunderts der Bischof von Antiochia, Gregorius, an einem Trank, der aus den Knollen einer Herbstzeitlosenart bereitet war. Den Bischof plagte die Gicht, und sein Arzt versuchte, ihm die Schmerzen mit immer stärkeren Mitteln zu lindern, bis er ihn schließlich ganz davon befreit hatte.

Auch Kaiser Otto II. (955–983) starb an Medikamenten. Er litt an starker Verstopfung, die sein Arzt schließlich mit 16 Gramm Aloe beseitigen wollte. Diese ungeheuerliche Überdosierung verursachte Darmblutungen in Verbindung mit unaufhörlichem Durchfall, Herzbeklemmung, Atemnot und wahrscheinlich auch Nierenbluten. Der Kaiser starb an einem Herzkollaps im Alter von 28 Jahren.

An einer Art Verjüngungsmittel starb König Heinrich I. von Frankreich im Jahre 1060. Er verlangte von seinem Arzt Jean de Chartres einen Trank, »in der Hoffnung, dadurch länger und gesünder zu leben«. Der Trank verursachte einen heftigen Durst, er wühlte in den Eingeweiden, erzeugte Angstzustände und führte schließlich am darauffolgenden Tag den Tod des Königs herbei.

Selbst Avicenna, der berühmteste Arzt seiner Zeit, ist wahrscheinlich 1037 an einem Arzneimittel gestorben. Nach ausgedehnten Feierlichkeiten, die ihm zu Ehren im persischen Isphahan gegeben wurden, bekam er Leibschmerzen in Verbindung mit heftigem Durchfall. Er ließ sich an einem Tage acht Klistiere geben und nahm das damals sehr gebräuchliche Medikament Mithridat ein, dem zu viel Mohnsaft beigemischt war. Er starb an einer Opiumvergiftung.

Wie häufig derartige Todesfälle waren, geht aus den Ratschlägen eines römischen Arztes hervor, der seine Patienten im 16. Jahrhundert ermahnt, nur zuverlässige männliche und weibliche Bedienung ins Haus zu nehmen und sich vor verdächtigen Gästen zu hüten. »Aber Vorsicht gebührt auch Ärzten gegenüber. Es gibt solche, die absichtlich Gift als Arzneimittel verabreichen oder auch unerfahrene oder dreiste, die anstatt heilsamen Tränken Gift nehmen lassen.«

Fast zur gleichen Zeit, als die tödliche und die heilsame Wirkung der Pflanzen bekannt war, wußte man auch, daß die gleichen Mittel bei entsprechender Dosierung Rauschzustände erzeugen können. Mit Sicherheit war das vom indischen Hanf bekannt, vom Opium, Fliegenpilz, Stechapfel und vor allem vom Bilsenkraut. Alle diese Pflanzen enthalten Atropin oder dem Atropin verwandte Alkaloide, die Halluzinationen, Visionen, Träume, Sinnestäuschungen oder auch Erregungszustände hervorrufen.

Das Bilsenkraut, das im Altertum auch Herba Apollinaris genannt wurde, bekam diesen Namen sicherlich, weil es Verwendung bei den Orakeln des Apollos fand. Es betäubte die pythischen Jungfrauen und gaukelte ihnen Visionen vor.

Als Schlaf- und Betäubungsmittel wurde Mandragora, ein Extrakt aus der Alraunwurzel, verwendet. Das Rezept ist überliefert: »Tue Mandragora-Wurzel in jungen gärenden Most und belasse sie dann drei Monate. Wer davon trinkt, wird vom Schlaf umfangen und unsinnig. Aber nach dem Schlaf löst sich die Geistesstörung, und keinerlei sonderliche Schädigung erwächst daraus.«

Die Fälle, in denen Rauschgifte zum Tode führten, sind Legion. Und noch immer stehen das Opium und die aus ihm gewonnenen Derivate an oberster Stelle der suchterzeugenden Medikamente – nicht nur in unserer Zeit, in der die Herointoten Schlagzeilen machen, sondern auch in früheren Jahrhunderten, in denen man anonymer starb.

Der Tod von Voltaire aber war immerhin eine Zeitungsnotiz wert. Im Juni 1778 erschien folgende bösartige Meldung in einem Pariser Blatt: »Endlich ist der alte Philosoph und Dichter Herr von Voltaire am Samstag, dem 30sten Mai des Abends um 11 Uhr und zwar an den Folgen seiner Unvorsichtigkeit, weil er auf einmal zu viel Opium eingenommen, verstorben.«

Auch Robert Clive, der Eroberer Indiens, war dem Opium verfallen. Er hatte ständig einen Vorrat von fünf bis sechs Pfund, nahm immer stärkere Dosen, verfiel in immer tiefere Depressionen und schoß sich schließlich in »Trübung des Bewußtseins« eine Kugel in den Kopf.

In blanke Hysterie schlug die Giftangst um, als schließlich im 16. Jahrhundert die Wirkung von tierischen und mineralischen Giften bekannt wurde. Es war die Zeit des Hexenglaubens und der Hexenverfolgungen. Selbst der große Arzt Paracelsus ließ eine Salbe herstellen aus dem Fleisch neugeborener Kinder, aus Mohn, Schierling, Fledermausblut und Krötengift. Rieb man die Hexe mit dieser Salbe und den Worten »obenauß und nirgent an« ein, so flöge sie mit Hilfe des Teufels durch den Schornstein hinaus.

Gefährlicher als dieser Aberglaube waren die Anweisungen, wie man Menschen zu Tode bringen konnte durch Arsen und Blei. Man mußte diese Elemente so lange mit Wasser und Zwiebelsaft in Berührung bringen, bis sie ihr Gift an die Flüssigkeit abgegeben hätten. Gelang es, einem Menschen dieses Gift beizubringen, wurde er matt, bekam Kopf-, Glieder- und Magenschmerzen und starb schließlich an einem allgemeinen Kräfteverfall.

Geradezu epidemische Ausmaße aber muß, wenn man der einschlägigen Literatur jener Zeit Glauben schenken kann, die Mischung von Liebestränken angenommen haben. Dennoch haben wir keinen Grund, mit allzu großer Überheblichkeit auf jene Zeit herabzublicken. Auch heute noch blüht das Geschäft mit wirkungsvollen und gänzlich nutzlosen Aphrodisiaka. Nur eines haben wir den Altvorderen voraus: Wir wissen, daß diese Mittel nicht Liebe, sondern lediglich Geschlechtstrieb hervorrufen können. Aber sind wir wirklich frei von dem Glauben, daß geschlechtliches Begehren nicht auch Liebe bewirken kann?

Im Mittelalter jedenfalls machten Kräutersammler, weise Frauen und sogenannte Hexen ein gutes Geschäft mit der Überzeugung, daß bestimmte Tränke einen Menschen gegen seinen Willen in Liebe zu einer bestimmten Person entflammen könnten.

Man mischte Katzen- und Eselshirn, Blut und Schweiß des Liebebegehrenden, männlichen Samen und Menstruationsblut mit zerriebenen Schamhaaren. Diese Ingredienzien, die zwar ekelerregend, aber völlig harmlos waren, basierten auf nichts anderem als auf Aberglauben. Trotzdem hat die medizinische Fakultät der Universität Leipzig im Jahre 1677 in einem wissenschaftlichen Gutachten bescheinigt, daß diese Dinge mehr noch als »magische Mittel« imstande wären, Liebe zu erzwingen.

Im Ruf, beinahe unbezwingliche Liebeslust hervorzurufen, stand die sogenannte »Roßwut«, von der man heute nicht recht weiß, um was es sich eigentlich gehandelt hat. Schon im Altertum war dieses Mittel unter dem Namen Hippomanes als Aphrodisiakum bekannt. Theokrit bezeichnete es als »ein Gewächs in Arkadien«. Virgil hielt es für den Brunstschleim der Stuten. Wahrscheinlich jedoch ist, daß es sich dabei um das Meconium, das sogenannte Kindspech handelt, das sich aus dem Fruchtwasser bildet und an verschiedenen Körperteilen des Fohlens festklebt.

Neben all diesen Sudelmischungen, die weder Liebe noch Tod bewirken konnten, gab es jedoch auch Liebestränke, die, wenn die Dosierung zu hoch war, außerordentlich giftig waren. Ovid charakterisierte sie folgendermaßen:

»Nicht nutzt's, gibt man der Frau
bleichmachende Liebesgetränk.
Schädlich sind sie dem Geist,
und sie erregen zur Wut.«

Mittel, die zum Teil noch heute zur Potenzsteigerung angewendet werden, waren Tuberacei, der mit Sporen gefüllte Fruchtkörper eines Pilzes und der tropeinhaltige Stechapfel, dessen Samen zu Wein oder Pulver verarbeitet wurde. Vor allem mit dem Stechapfel versuchten Bordellwirtinnen und Dirnen ihre Kunden in einen Zustand sexueller Raserei zu versetzen. Auch kantharidinhaltige Substanzen, eine giftige Säure, die aus spanischen Fliegen gewonnen wurde, konnten die Sexualorgane bis zur Entzündung reizen, ja sie konnten sogar den Tod herbeiführen.

Von Lucretius, dem klugen Verfasser des Werkes »Über die Natur der Dinge«, ist überliefert, daß ein Liebestrank seinen Geist so umnebelt habe, daß er sich selbst entleibte. Plinius schreibt, daß der berühmte Befehlshaber Lucullus durch einen Liebestrank zugrunde gegangen ist. Der berühmte französische Heerführer Prosper Colonna soll 1523 das Opfer eines solchen Tranks gewesen sein. Und von dem Dichter Petrus Lotichius heißt es, daß er durch ein Liebesmittel eine chronische Nierenentzündung bekommen habe, an der er 1560 gestorben sei.

Wie stichhaltig diese Überlieferungen sind, ist nicht nachprüfbar. Fest steht jedoch, daß die Furcht, durch einen Liebestrank in unerwünschte Leidenschaft versetzt oder zu Tode gebracht zu werden, groß war.

Kaiser Justinian bestrafte Mischung und Verabreichung von Liebestränken in gleichem Maße wie Zauberei und geheime Magie mit Kreuzigung oder Zerfleischung durch wilde Tiere.

Im 13. Jahrhundert erließ Kaiser Friedrich II. ein Gesetz, das für das Verabreichen von Liebestränken die Todesstrafe androhte. Selbst wer völlig unwirksame Mittel in der gleichen Absicht zusammenbraute, mußte mit mehrjähriger Gefängnisstrafe rechnen.

Noch das Preußische Landrecht, das Ende des 18. Jahrhunderts zu Papier gebracht wurde, hält es für erforderlich, den Liebestränken drei Paragraphen zu widmen:

§ 867: Wer durch Liebestränke tötet, hat eine zehn- bis fünfzehnjährige Festungs- oder Zuchthausstrafe verwirkt.

§ 868: Im Falle eines dadurch veranlaßten unheilbaren

Wahnsinns soll acht- bis zehnjährige Festungs- oder Zuchthausstrafe stattfinden.

§ 869: Ist durch einen solchen Liebestrank eine andere Krankheit verursacht worden, so soll nach Beschaffenheit ihrer Gefahr und Dauer auf eine vier- bis achtjährige Zuchthaus- oder Festungsstrafe erkannt werden.

Daß derartige Gesetze für notwendig gehalten wurden, ist ein Beweis dafür, daß die Menschen zu keiner Zeit auf ihre Dichter und Denker gehört haben. Hätten sie es getan, dann hätten sie von Seneca schon vor fast 2000 Jahren ein sehr viel wirksameres Rezept erfahren können. Er schrieb: »Ich will dir ein Liebesmittel ohne Arzneistoff, ohne Giftkraut und ohne jeden Bezauberungsgesang einer Giftmischerin nennen: Willst du geliebt werden, so liebe!«

Aber selbst wenn man von Hokuspokus, Aberglauben und Scharlatanerie absieht, ist es überaus schwer, ja fast unmöglich, sich über die Giftanwendung vergangener Zeiten ein einigermaßen zutreffendes Bild zu machen. Der Grund: Es war bis ins vergangene Jahrhundert nicht möglich, durch chemische Analysen Giftrückstände in einer Leiche festzustellen. Die Bemühungen darum waren zu allen Zeiten ebenso groß, wie es die Giftangst war. Schon Charus Galenus (131–203), der als Begründer der experimentellen Physiologie und Pathologie gilt, machte die skeptische Bemerkung, »daß Ärzte danach zu forschen pflegten, ob es spezifische Zeichen einer Vergiftung gäbe, da sie Veränderungen (bei Leichen) gefunden hätten, wie sie nach eingenommenem Gift erkennbar wären, ohne daß jedoch eine Vergiftung stattgefunden hätte«.

Das war durchaus nicht erstaunlich. Denn da wissenschaftliche Erkenntnisse fehlten, wurden Aberglaube und fragwürdige äußere Merkmale zum Maßstab der Beurteilung gemacht. Galenus und seine Kollegen glaubten, aus der Beschaffenheit der Haut feststellen zu können, ob ein Mensch vergiftet worden oder eines natürlichen Todes gestorben war.

Als Zeichen, daß ein Mensch einem Giftanschlag zum Opfer gefallen sei, galten vor allem dunkle Hautflecke und übler Geruch des Leichnams. Gerade diese »Beweisführung« macht alle Überlieferungen angeblicher Giftmorde dubios.

Wir wissen heute, daß diese Flecke jeder Leichnam aufweist. Es handelt sich dabei um die sogenannten Totenflecke. Sie entstehen, weil das Blut, dem Gesetz der Schwere folgend, jeweils an den tiefstgelegenen Stellen eines toten Körpers zusammenfließt.

Im 16. Jahrhundert wurde, wenn ein Verdacht auf Vergiftung bestand, der Leichnam verbrannt. Fand man das Herz unversehrt in der Asche, dann galt das als Beweis für einen Giftmord. Andere Ärzte betrachteten Schwellungen oder Aufwölbungen der Haut, Nichtbefall von Würmern, die besonders schnelle Verwesung oder auch das Gegenteil, die Mumifizierung des Leichnams, als Zeichen einer Vergiftung. Nicht auszudenken, wieviele Fehlurteile, wieviele Justizmorde durch den mangelnden Wissensstand verursacht wurden.

Trotzdem: Wenn wir heute voller Abscheu oder auch nur mit Unverständnis auf die Vergiftungswoge vergangener Zeiten herabblicken, sollten wir uns daran erinnern, daß die Gesittung nicht vorangeschritten ist, daß wir uns nicht rühmen können, auf einer höheren Stufe der Moral zu stehen. Die Giftgase, die im Ersten und Zweiten Weltkrieg, in Vietnam und heute im Golfkrieg angewendet wurden und werden, haben mehr Todesopfer gefordert als alle individuellen Verbrechen vergangener Jahrhunderte zusammen. Die ungezählten Menschen, Soldaten wie Zivilisten, die durch Phosgen, Chlorgas, Bromdämpfe oder Blausäure umkamen, sind weder schnell noch »human« zu Tode gebracht worden. Die Kampfgasgifte lähmen das Atemzentrum, verätzen die Luftkanälchen in der Lunge und führen schließlich zum Tod durch Ersticken. Die Zusammensetzung der neuen Generation der Nervengase ist nur Experten bekannt, aber es bedarf sicherlich keiner allzu ausschweifenden Phantasie, sich die grauenhaften Wirkungen, die möglicherweise noch kommende Geschlechter in Mitleidenschaft ziehen, auszumalen.

Die Anwendung von Geschossen, die erstickende oder tödlich wirkende Gase verbreiten, wurde nicht nur in der »Haager Konvention« verboten, sie ist auch behaftet mit dem Fluch vergangener Jahrhunderte und mit der Verachtung aller zivilisierten Völker, die heute unsere Erde bewohnen.

Dieser Streifzug durch die giftige Geschichte unserer Erde soll aufzeigen, daß Giftangst neben einer sehr realen auch eine mythische Komponente hat. Mag sein, daß die heute von 84 Prozent der Bundesbürger geteilte Angst vor der Umweltvergiftung etwas mit »Umwelthysterie«, wie es der Stuttgarter Oberbürgermeister Manfred Rommel ausdrückte, zu tun hat. Fest steht jedoch, daß diese Vergiftungsangst keine individuelle, sondern eine kollektive Erscheinung ist. Wir müssen nicht Seveso oder Bhopal, wo durch versehentlich austretende Giftdämpfe die Erde verseucht, Zehntausende von Tieren und Tausende von Menschen starben, als Beispiel bemühen, um deutlich zu machen, daß wir das Raumschiff Erde, auf dem wir alle leben, auf Kollisionskurs gesteuert haben.

Um nicht mißverstanden zu werden: Wenn in den folgenden Kapiteln Ratschläge zur Entgiftung des Körpers gegeben werden und, damit verbunden, notwendigerweise auch über die Möglichkeiten der Vergiftung gesprochen wird, so heißt das keineswegs, daß hier Helden, etwa die Leute von Greenpeace, gelobt und Bösewichter, etwa die Chemiekonzerne, an den Pranger gestellt werden sollen. Es ist unbestritten: Ohne die Chemie wäre der Fortschritt der letzten 100 Jahre nicht möglich gewesen. Ohne die Chemie hätten wir nicht einen Bruchteil des Lebensstandards, dessen wir uns heute erfreuen, erreichen können. Erinnern wir uns: In den fünfziger Jahren war alles, was aus der Retorte kam, mit einer Art Gütesiegel versehen: die synthetischen Stoffe, die nicht mehr gebügelt werden mußten, der Teppichboden, der sich so einfach reinigen ließ, die Zusätze, die unsere Nahrung haltbarer machten, der Dünger und die Unkraut- und Schädlingsvernichtungsmittel, die unsere Ernten vervielfachten und unsere Vorratshäuser überquellen ließen. Wir haben all das mit Jubel begrüßt. Warnende Stimmen wurden überhört, oft sogar belächelt. Niemand nahm Kenntnis davon, als vor zehn Jahren Professor Friedhelm Korte, Ordinarius für Ökologische Chemie und Direktor des gleichnamigen Instituts der Gesellschaft für Strahlen- und Umweltforschung in München, sagte, daß »man den Glauben an die unbeschränkte Verdauungskapazität dessen, was man Natur nennt, in Zweifel stellen muß«.

Verfolgen wir einmal den Tagesablauf eines ganz normalen Bundesbürgers: Er trinkt Orangensaft von einer Frucht, deren Schale chemisch behandelt worden ist. Er ißt Brot, in dessen Mehl Haltbarkeitszusätze sind. Die Matratze, auf der er geschlafen hat, ist aus Schaumstoff, die Überzüge sind aus Kunstfasern. Pro Jahr und Kopf verbraucht er für Waschen, Putzen und Reinigen etwa einen halben Zentner Chemikalien. Er pustet mit seinem Auto neben so harmlosen Gasen wie Wasserdampf, Stickstoff, Sauerstoff und Kohlendioxid auch hochgiftige Gase wie Kohlenmonoxid, Stickoxide, Kohlenwasserstoffe und Schwefeldioxid in die Luft.

Man geht davon aus, daß Schwefeldioxid in Verbindung mit der Luftfeuchtigkeit sich zu einer schwefeligen Säure, dem sauren Regen, verbindet, der unsere Wälder krank macht. Schwefeldioxid und Stickoxide stehen darüber hinaus unter dem Verdacht, bei Kleinkindern den »Pseudokrupp« auszulösen.

Im Fleisch der Tiere, das der Mensch zum Mittagessen verzehrt, werden so hohe Schwermetallrückstände gefunden, daß sich das Bundesgesundheitsamt in Berlin im Februar 1980 zu folgender Veröffentlichung entschloß: »In den Nieren von Schweinen und Rindern werden hohe Cadmium(Cd)-Gehalte gemessen ... Deshalb wird vorsorglich empfohlen, Nieren von Rindern oder Schweinen nur gelegentlich (in 2- bis 3wöchigem Abstand) zu verzehren.«

Wer aber nun meint, es seien die bösen Bauern, die ihr Schlachtvieh mit allen möglichen Zusatzmitteln fleischreicher machten, der wird in der gleichen Verlautbarung eines anderen belehrt. Da heißt es nämlich weiter, daß die Quecksilber(Hg)-Gehalte von Hasenlebern deutlich höher lägen als die anderer Lebensmitteln, »die üblicherweise als Hg-belastet gelten (Fische, Wildpilze, Innereien). Aus diesem Grunde wird empfohlen, auf den Verzehr von Hasenlebern zu verzichten.«

In der Bundesrepublik werden jährlich 2500 Tonnen Cadmium verarbeitet und freigesetzt. Cadmium reichert sich beim Menschen in der Nebenniere an. Das kann jahrelang ohne jegliche Symptome erfolgen. Erst wenn so viel Cadmium abgelagert ist, daß eine Kapazitätsgrenze erreicht ist, bemerkt man die Schädigung, die dann meist nicht mehr zu beheben ist.

Nach einer Feststellung des Bundesumweltamtes liegt die durchschnittliche Belastung der Bundesbürger »an der oberen Grenze der noch vertretbaren Aufnahme«.

Es ist unbestreitbar, daß heute jeder Angehörige einer Industrienation Mehrfachbelastungen durch Schwermetall ausgesetzt ist. Hamburg sah sich nach mehreren Umweltskandalen genötigt, bei den Bewohnern der südöstlichen Stadtteile in einem ärztlichen Sofortprogramm die Arsen-, Blei-, Cadmium- und Quecksilberwerte in Blut und Haaren zu bestimmen.

Zu den Schwermetallen, von denen die meisten

Gebrauchsmetalle sind, gehören 68 Metalle. Darunter, außer den metallischen Modifikationen des Arsens, Eisen, Kupfer, Blei, Zink, Zinn, Nickel, Cadmium, Chrom, Kobalt, Uran, Plutonium, Quecksilber, Silber, Gold und Platin.

Schwermetalle gelangen über den Müll, die Abwässer, über Verbrennungsprozesse in Kraftwerken und Privathaushalten in die Umwelt. In Abwässern und in der Abluft erreichen sie häufig Konzentrationen, die für Mensch und Tier giftig sind. In geringen Mengen sind einige Schwermetalle für den Organismus als Spurenelemente lebensnotwendig – aber nur wenige und eben in sehr kleinen Mengen.

Blei und seine Verbindungen zum Beispiel sind, gelöst oder an den Staub gebunden, hochgradig giftig. Bei ständiger Aufnahme führen schon Spuren zu schweren Erkrankungen, ja sogar zum Tod. Denn das Blei, das sich im Körper ansammelt, ist ein starkes Nervengift und verhindert die Bildung des roten Blutfarbstoffes Hämoglobin. Symptome von Bleivergiftung sind: Appetitlosigkeit, Blässe, graues Zahnfleisch, Verdauungsstörungen.

Das Schwermetall Kobalt, das zur Stabilisierung des Schaums verwendet wird, kann Herzmuskelerkrankungen hervorrufen. Quecksilber gibt schon bei Zimmertemperatur giftige Dämpfe ab. Ebenso giftig sind alle löslichen Quecksilberverbindungen. Symptome einer Quecksilbervergiftung sind: Nervosität, Übererregbarkeit, Gedächtnisschwund, Mundentzündungen, Zahnfleischgeschwüre.

Bei andauernder Cadmium-Belastung kann es außer zu Nierenerkrankungen auch zu Lungenschädigung und Knochenerweichung kommen.

Eine langsame chronische Arsenvergiftung äußert sich in Nervenentzündung, Bewegungsstörungen, Haarausfall, Verfärbung und Verdickung der Haut.

Aber auch die so gerühmte Gemütlichkeit des deutschen Bundesbürgers ist nicht ohne gesundheitliches

Risiko. Um unser Heim schön und glänzend zu erhalten, werden pro Haushalt und Jahr im Durchschnitt 20 Kilogramm Lacke verbraucht. Der Schweizer Chemiker Bernhard Zimmerli vom Eidgenössischen Gesundheitsamt gab bekannt, daß die Zinnverbindung, die die Farben haltbarer macht, allmählich an die Luft abgegeben wird. Nach etwa 30 Monaten hat sich erst die Hälfte der Substanz aus dem getrockneten Lack verflüchtigt.

Ein Massenprodukt des Kunststoffzeitalters waren auch die Spanplatten, die mit Formaldehyd (chemisches Kürzel HCHO) konserviert wurden. Formaldehyd, 1907 von dem flämischen Chemiker Leo Hendrik Baekeland erfunden, galt lange Zeit als ein Universalmittel. Es findet Verwendung bei der Herstellung von Preßholz, Kunstschäumen zur Wärmedämmung, Farben, Papier, Kunstdärmen für Würste, Allzweckreinigern im Haushalt, Textilien und Verpackungsmaterial.

In der Bundesrepublik wird jährlich eine halbe Million Tonnen Formaldehyd produziert. 30 000 Tonnen pro Jahr kommen aus den Auspuffrohren unserer Autos, die aber, da sie in die freie Luft entweichen, keine nachweisbaren Gesundheitsschädigungen auslösen können. Anders verhält es sich mit der Innenraumbelastung.

In Lengede mußte im Januar 1983 die Orientierungsstufe einer Schule geschlossen werden, weil Schüler und Lehrer an chronischen Kopfschmerzen und Augenentzündungen litten. Als Grund stellten sich Formaldehyddämpfe heraus, die aus Spanplatten entwichen. Es wurden 700 Mikrogramm pro Kubikmeter Luft gemessen. Der Grenzwert, den das Bundesgesundheitsamt empfohlen hat, beträgt 120 Mikrogramm.

Spritzasbest, der 1979 wegen seiner gesundheitsgefährdenden Eigenschaft verboten wurde, galt jahrzehntelang als ein Wirkstoff für Wärmedämmung, Feuerfestigkeit und Widerstandsfähigkeit. Zwischen 1950 und 1975 stieg der Verbrauch der Silikatmineralfasern um mehr als das Zehnfache.

Dann stellte sich heraus, daß Asbest krebserzeugend sei. In Alzey, Rheinland-Pfalz, mußte eine Sporthalle geschlossen werden, weil der TÜV zwischen 2000 und 7000 Asbestfasern von gefährlicher Größe pro Kubikmeter Luft gemessen hatte. Seit dieser Zeit ist in vielen Schulen, Schwimmbädern und Sporthallen die Asbestisolierung entweder abgerissen oder so verkleidet worden, daß kein Gesundheitsrisiko mehr besteht.

Holz gilt als ein besonders warmer und damit Gemütlichkeit vermittelnder Baustoff. Aber es hat auch viele Feinde, zum Beispiel Schimmelpilze und Holzwürmer. Leinöl, Wachs und Ochsenblut wurden in früheren Zeiten als Schutzmittel verwendet. Heute kommen diese Schutzmittel aus der Chemie. Wir sind viel zu spät zu der Erkenntnis gelangt, daß Präparate, die Kleinstorganismen zerstören, im Dauergebrauch auch für den Großorganismus Mensch schädlich sind. Vor allem die chlorierten Kohlenwasserstoffe wie PCP, das Holzverkleidungen dauerhaft gegen Schimmelbefall schützt, belastet die Raumluft. Das Bundesgesundheitsamt hat jedoch festgestellt, daß nicht nur die Luft in Räumen mit Holzverkleidung mit PCP belastet ist, die Chemikalie wurde auch im Urin der Bewohner festgestellt. In schweren Fällen kann es zu Benommenheit, Hautausschlag und Kreislaufbeschwerden kommen.

Die meisten Hersteller haben inzwischen die Produktion von PCP eingestellt. In der Bundesrepublik ging der Verbrauch in den letzten sieben Jahren von etwa 1000 Tonnen pro Jahr auf etwa 50 Tonnen zurück. Die Altlast haben wir jedoch weiterhin zu tragen. Und bei importierten, vor allem exotischen Hölzern, besteht weiterhin die Gefahr, daß sie mit PCP behandelt worden sind.

Daß wir auch in Wald und Feld nicht mehr frei

durchatmen können, haben die Wissenschaftler des Wendelstein-Observatoriums festgestellt. Auf dieser höchsten Außenstelle der Münchner Universität beobachten Astronomen unsere Sonne. Nur bei ungetrübter Sicht können sie durch das Zwanzig-Zentimeter-Teleskop die innere Sonnenkorona beobachten. Im Jahre 1960 erklärte Professor Rolf Kudritzki, Leiter des Instituts für Astronomie und Astrophysik, war das noch an 100 bis 150 Tagen im Jahr möglich. Heute haben die Wissenschaftler vom Wendelstein aus nur noch an zehn bis zwanzig Tagen im Jahr einen freien Blick durch die Erdatmosphäre. Der Grund dafür ist die Luftverschmutzung.

Großbritannien, Italien, die DDR, die Tschechoslowakei und Polen sind die ärgsten Luftverschmutzer, dicht gefolgt von der Bundesrepublik und Frankreich.

Spätestens seit das Wort Waldsterben in den Sprachschatz aller Länder übernommen wurde – die Franzosen sagen »le Waldsterben«, die Amerikaner »the Waldsterben« –, weiß man, daß es ernst wird. Das heißt, daß auch der Mensch nicht mit heiler Haut davonkommt, wenn die Natur Schaden nimmt und die Roten Listen der aussterbenden Tiere und Pflanzen immer länger werden.

Die ständig steigende Zahl der Allergiekranken zum Beispiel wird von Wissenschaftlern den immer schlechter werdenden Umwelteinflüssen zugerechnet. Es wird geschätzt, daß heute bereits rund 25 Millionen Bundesbürger an unterschiedlichen Allergien leiden. Auch die besorgniserregende Häufung der Bronchialerkrankungen wird mit der Luftverschmutzung in Verbindung gebracht. In einer Studie des Medizinischen Zentrums für Ökologie der Justus-Liebig-Universität Gießen wird nachgewiesen, daß sich die Knochenreifung bei Kindern, die in luftverschmutzten Gebieten aufwachsen, verzögert.

Ein besonders gefährliches Umweltgift, das schon in unvorstellbar kleinen Mengen tödlich wirken kann, ist das Dioxin, das seine spektakuläre Bekanntheit durch die Seveso-Katastrophe erlangte. Aber das Seveso-Dioxin (2,3,7,8-TCDD) ist nur eines von 75 Dioxinen und 135 Dibenzofuranen, die chemisch eng mit den Dioxinen verwandt sind. Manche davon sind relativ harmlos, andere sind hochgiftig. Sie können Krebs und Mißbildungen hervorrufen.

Um eines klarzustellen: Die chemische Industrie hat niemals absichtlich Dioxin und Dibenzofurane hergestellt. Diese außerordentlich gefährlichen und stabilen Vertreter der Chlorkohlenwasserstoffe entstehen sozusagen aus Versehen. Sie sind unerwünschte Nebenprodukte, ungewollte Verunreinigungen im Herstellungsprozeß einer großen Anzahl chemischer Produkte. Dioxin kann aber auch freigesetzt werden, wenn Holz, das mit bestimmten Schutzmitteln bearbeitet wurde, verbrannt wird, oder auch bei Waldbränden in Gebieten, die zuvor mit chlorierten Pflanzenschutzmitteln besprüht worden waren. Auch das berüchtigte »Agent Orange«, das in Vietnam zur Entlaubung der Wälder eingesetzt wurde, ist ein Angehöriger der Dioxin-Familie.

Wir müssen zugeben, daß wir heute nicht viel mehr über Auswirkungen, Nebenwirkungen und Zusammenwirken chemischer Gifte wissen als unsere Ahnen im Mittelalter über die Sudelmischungen für ihre Liebestränke.

Ein Beispiel dafür gaben die Vereinigten Staaten, die mit ihrer Food-and-Drug-Administration zwar eine der strengsten Institutionen für Lebensmittel- und Medikamenten-Überwachung geschaffen haben, gegenüber diesen modernen Umweltgiften aber ebenso ahnungslos waren wie die Ärzte im 14. Jahrhundert, die glaubten, man könne mit Arsen »bei Tieren und Menschen totes und faules Fleisch entfernen«.

Es war im Frühjahr 1971, als der clevere Fuhrunternehmer und Altölentsorger Russell Bliss aus dem US-Staat Missouri Farmern und Gemeinderäten sein altes Öl zum Zwecke der Verminderung von Staubentwicklung andiente. Bliss hatte tatsächlich eine Marktlücke entdeckt. Denn in den Dörfern und Gemeinden des im Sommer glutheißen Landes verursachte jeder vorüberfahrende Lastwagen gewaltige Staubwolken, die die Anwohner erheblich belästigten. Pferdezüchter, die ihre Rosse interessierten Käufern nicht vorführen konnten, ohne daß der aufwirbelnde Staub Tier und Mensch einnebelte, rissen sich um das Altöl. In mehr als 100 Ortschaften versprühte Bliss seine Anti-Staub-Schmiere. Und da er bald nicht genug Altöl herbeischaffen konnte, nahm er alles, was annähernd wie Öl aussah. Darunter waren auch Abfälle einer Fabrik, die Desinfektionsmittel aus Trichlorphenol herstellte. Diese Chemikalie enthält Seveso-Dioxin. Die Fabrik »reinigte« das Trichlorphenol von Dioxin und übergab diese Reinigungsabfälle einem professionellen Abfallbereiter. In diesem Falle war es Russell Bliss.

Daß Bliss wissentlich oder gar böswillig das Gift in die Umwelt spritzte, kann niemand behaupten. Denn er hat sein eigenes Grundstück ebenfalls mit dem dioxinhaltigen Öl entstaubt.

Die erste, die Verdacht schöpfte, war Judy Priatt, die Besitzerin eines großen Pferdegestüts. Ihr fiel auf, daß mit dem Staub nicht nur die Fliegen, die sich normalerweise in Schwärmen in Pferdeställen niederlassen, sondern auch alle anderen Insekten verschwunden waren. Dann fand sie tote Vögel auf ihrem Grundstück, schließlich starben auch Hunde und Katzen. Viele Fohlen wurden tot geboren oder verendeten kurz nach der Geburt. Kein Tierarzt konnte die Ursachen feststellen. Judy Priatt, der sich inzwischen auch noch andere »entstaubte« Gestütsbesitzer angeschlossen hatten, alarmierte die US-Gesundheitsbehörden. 1974 stand schließlich fest, daß Bliss mit seinen Altölverspritzungen die Böden mit Dioxin verseucht hatte. In einer Bodenprobe wurde eine Dioxinkonzentration von 33 000 ppb gefunden. Das ist 600mal mehr, als an der am stärksten verseuchten Stelle in Seveso gemessen wurde.

Jetzt waren die Behörden am Zug. Sie taten etwas, was uns heute geradezu abenteuerlich naiv erscheint. Aber es entsprach noch vor zehn Jahren dem damaligen Stand des Wissens. Sie räumten Erde, Boden und Ställe von drei der am höchsten belasteten Gestüte ab. Einen Teil davon brachten sie auf eine Deponie, ein anderer wurde zur Befestigung einer Autostraße verwandt, der dritte Teil wurde an Bauherren zur Auffüllung von Fundamenten und Baugruben verkauft. Neun Jahre, in denen sich die Krankheitsfälle in medizinisch nicht zu erklärender Weise häuften, tickte die chemische Zeitbombe. Dann schritt die Umweltbehörde ein. Das Ergebnis der Untersuchungen war erschreckend: Überall dort, wo Bliss 1971 den Staub bekämpft hatte, war der Boden dioxinhaltig.

Die 2000 Bewohner des Städtchens Times Beach mußten genau am 24. Dezember 1982 über das Fernsehen erfahren, daß die nationalen Umwelt- und Gesundheitsbehörden ihnen dringend anrieten, die Stadt zu räumen. Ihre Häuser würden aus staatlichen Mitteln angekauft.

Dann ging es Schlag auf Schlag. Bereits einen Monat später verließen die Menschen ihre Stadt. Wer heute den Geisterort betreten will, muß eine Erklärung unterschreiben, daß er über das Risiko einer Dioxinvergiftung innerhalb der Gemeinde aufgeklärt worden sei und daß er eventuelle Gesundheitsschäden selbst zu verantworten habe. Die Brücke, die in die verlassene Stadt führt, ist halbseitig durch eine Mauer gesichert. Unter einem Stoppschild steht, daß die Straße geschlossen sei. Ein weiteres, überdimensional großes Schild trägt folgende Aufschrift:

Vorsicht!

Gegend gefährlich verseucht durch Dioxin.

- Verlassen Sie Ihren Wagen nicht

- Halten Sie die Fenster geschlossen
- Bleiben Sie auf der Straße
- Fahren Sie langsam

Aber Times Beach ist kein Einzelfall. Die Ortschaft Castlewood ist kaum weniger verseucht. Trotzdem wurde sie nicht geräumt. Die Umweltbehörde versuchte, jedes Haus einzeln zu sanieren. Das kostete pro Einheit etwa 40 000 Dollar. Das Ergebnis war unbefriedigend. Die Dioxinbelastung innerhalb des Hauses fiel zwar von 36 ppb auf 19 ppb. Aber das übersteigt den Grenzwert, den die Behörden als noch erträglich betrachten, immerhin um das Neunzehnfache.

Die Menschen in Castlewood müssen mit dem Gift leben. Sie leben nicht gut. Sie klagen über dauernde Kopfschmerzen, und die Rate der Krebstoten in ihrem Ort liegt weit über der des Landesdurchschnitts.

Auch in der Bundesrepublik gibt es Orte, nicht selten Trabantenstädte, die auf ehemaligen Mülldeponien, die ihr Gift in das Grundwasser und den Mutterboden ausgeblutet haben, erbaut worden sind. Eine Sanierung ist dringend erforderlich. Trotzdem ist der Bundesbürger weit weniger durch Störfälle in Chemiewerken gefährdet als die Einwohner der USA, wo es beinahe jede Woche einmal knallt. Meistens handelt es sich allerdings um harmlose Verpuffungen, von denen die Anwohner gar nichts erfahren. Die Bundesrepublik hat die strengsten Sicherheitsbestimmungen der Welt erlassen. In der chemischen Industrie beginnt die Sicherheit bei den Fabrikationsanlagen. Die behördlichen Genehmigungsverfahren sind außerordentlich penibel. Und so lange nicht alle Bedingungen erfüllt sind, gibt es weder eine Bau- noch eine Betriebserlaubnis. Auch alle Änderungs- und Erweiterungsvorhaben sind genehmigungspflichtig.

Genehmigen oder verbieten kann man jedoch nur, wenn man Risiken und Wirkungen der einzelnen chemischen Substanzen erforscht hat und kennt. Genau das aber ist ein schier unmögliches Unterfangen. Bis

Ende 1984 waren in der wissenschaftlichen Literatur etwa fünf Millionen chemischer Substanzen beschrieben worden. 65 725 sind von einem Untersuchungsausschuß des amerikanischen Toxicology Program (NTP) 1980 ausgewählt worden, um an ihnen zu prüfen, inwieweit ihre chemische Zusammensetzung überhaupt bekannt sei. Die Liste, die der Ausschuß schließlich erstellte, enthält

- 1815 Arzneimittel und Arzneimittelzusätze
- 3350 Werkstoffe oder Zusätze in Pflanzenschutzmitteln
- 8627 Lebensmittelzusätze
- 3410 Zusätze zu Kosmetika
- 48 523 chemische Zusätze aller Art, die sich in Gärten, Textilien, Bau- und Kunststoffen befinden.

Aus diesem ausgewählten Universum (»Selected universe«) wurde schließlich ein Prozent der Substanzen daraufhin getestet, was über ihre Umweltverträglichkeit bekannt ist. Das Ergebnis war erschreckend. Am besten Bescheid wußte man noch über Schädlingsbekämpfungsmittel und Medikamente. Aber auch bei diesen Gruppen waren 38 Prozent der Pestizide und 25 Prozent der Arzneimittel nicht getestet. Von den Zusätzen zu den Kosmetika waren nur zwei Prozent ausreichend geprüft, bei den Lebensmittelbeimischungen waren es lediglich fünf Prozent.

Gehörten die von dem NTP ausgewählten Chemikalien zu jener »im Handel befindlichen Gruppe«, die nicht wie Medikamente, Pestizide und Kosmetika überwacht wurden, konnte der Untersuchungsausschuß nur »minimale Informationen« über Giftigkeit und Gefährlichkeit oder die Harmlosigkeit für die Umwelt finden.

Die Bundesrepublik ist kaum besser dran. Als viertgrößter Chemieproduzent der Welt, der mehr als 50 000 mehr oder weniger häufig verwendete Chemikalien verzeichnet, haben wir bisher keinerlei Bestandsaufnahme über potentiell gefährliche Substanzen gemacht. Lediglich vier Chemikalien, sogenannte Altstoffe, die vor Inkrafttreten des Chemikaliengesetzes Anfang 1982 marktgängig waren, werden auf ihre Verbreitung und ihre Gefährlichkeit untersucht.

Das ist kein Grund zur Panik. Mit hoher Wahrscheinlichkeit ist der überwiegende Teil der Wirkstoffe völlig harmlos. Aber es kann nicht ausgeschlossen werden, daß einige synthetisierte Substanzen »reif für einen Test auf ihre Gesundheitsverträglichkeit« sind.

Was die zuständigen Behörden vor einer derartigen umfassenden Bestandsaufnahme zurückschrecken läßt, sind der enorme Aufwand und die immensen Kosten, die sie verursacht. Das gleiche gilt natürlich für alle Industrieländer. Aber die Wissenschaftler der USA haben bereits eine Gegenrechnung aufgestellt: Sollte eine als harmlos eingestufte Chemikalie sich später als gefährlich herausstellen und Mensch und Umwelt unkalkulierbare Schäden zufügen, so wären »die wahren Kosten der Unkenntnis« weit höher.

Als Beispiel einer gutgläubigen Unwissenheit kann »Silicon Valley« (Silizium-Tal) gelten. Es ist eine Retortenstadt in der Nähe von San Franzisko, in der die Elektronik-Industrie für die Technik der Zukunft produziert.

Elektronik, das war allgemein bekannt, konnte nur unter optimalen hygienischen, annähernd keimfreien Bedingungen produziert werden. Das hat Lothar Späth, den weitblickenden und entwicklungsfreudigen Ministerpräsidenten von Baden-Württemberg, veranlaßt zu sagen, daß er für sein Land ein zweites Silicon Valley schaffen wollte. Begründung: Es sei fortschrittlich, ertragreich und würde gesunde, umweltfreundliche Arbeitsplätze schaffen.

Inzwischen hat sich herausgestellt, daß die Arbeiter in Silicon Valley viermal mehr erkranken als andere Arbeiter. 46,9 Prozent dieser Erkrankungen werden, laut offizieller Statistik, auf »systembedingte Vergiftung« zurückgeführt.

Im Gegensatz zur konventionellen Elektronik ist die Herstellung der Halbleiter, der Mikrochips und winzigen Verbindungsleitungen keineswegs ungefährlich. Die Unternehmen benötigen zu deren Produktion zahlreiche giftige Gase und Chemikalien. 1980 wurden auf Anordnung des kalifornischen Gouverneurs Brown 53 Halbleiterfirmen aufgefordert, Auskunft zu geben über Menge und Zusammensetzung der von ihnen verwendeten Chemikalien. 42 Firmen kamen dieser Aufforderung nach. Aber die Informationen, die sie gaben, wurden als unzureichend bewertet.

Das Tragische an unserer fortschreitenden Umweltvergiftung ist also nicht so sehr Fahrlässigkeit oder gar Böswilligkeit der Verursacher, sondern schlichte Unwissenheit oder auch Unsicherheit. So wird zum Beispiel vom Umweltbundesamt die Dioxinkonzentration in Fischen als 6000mal höher als in dem Wasser, in dem sie leben, angegeben. Das US-Center of Disease Control jedoch geht von einem Konzentrationsfaktor in Fischen von 20 000 aus – ein nicht unerheblicher Unterschied.

Die Sorge, daß diese gefährlichsten aller Umweltgifte auch in Pflanzen enthalten sind, scheint unbegründet. Im Vergleich zu den Tieren ist deren Speicherungstätigkeit außerordentlich gering. Anders verhält es sich beim Menschen, der das Gift im Fettgewebe und in fetthaltigen Organen speichert. In welchem Maße und in welchen Zeiträumen es gespeichert, umgewandelt oder ausgeschieden wird, ist nur unzureichend bekannt. Die Feststellung der Giftigkeit von Umwandlungsprozessen ist eines der schwierigsten Probleme in der Biochemie.

Was wir heute mit Sicherheit sagen können, ist, daß der Mensch in einer Zeit, in der die Wälder krank sind und immer mehr Pflanzen und Tiere aussterben, nicht ungeschoren davonkommt. Zum erstenmal in der Geschichte der Menschheit ist die Lebenserwartung nicht mehr steigend, sondern, wie die Weltgesundheitsbehörde in Genf bekanntgab, leicht absinkend. In den USA nimmt trotz medizinischer Forschung und immer ausgeklügelteren Früherkennungsmaßnahmen die Rate der Krebserkrankungen zu. In New York sind inzwischen 38 Prozent der Einwohner betroffen. Und in einer Studie, die das New Yorker Health Department 1984 veröffentlichte, wird vorausgesagt, daß sich die Zahl der Krebskranken in den gesamten Vereinigten Staaten in den nächsten 40 Jahren verdoppeln würde. Welche Umweltgifte an dieser Entwicklung beteiligt sind und welchen Grad der Gefährlichkeit ihnen beigemessen wird, ist nur unzureichend erforscht. Bisher konnte man nur die tödliche Dosis eines Angehörigen der Dioxin-Familie des Seveso-Giftes 2,3,7,8-TCDD feststellen: Sie beträgt ein Mikrogramm pro Kilogramm Körpergewicht. Das ist eine unvorstellbar kleine Menge. Der Tod aber ist immer der Extremwert. Wenn man davon ausgeht, bleiben Schwächung der Immunabwehr, Schädigung des Nervensystems, der Psyche, der Haut, der Atmungsorgane, des Erbgutes, Mißbildungen, Krebs und Fortpflanzungsunfähigkeit unberücksichtigt.

Sterilität ist ein Problem unserer Zeit. In fast beängstigendem Maße klagen Ehepaare über ungewollte Kinderlosigkeit. Bei der Untersuchung der Gründe dafür, mit der sich Wissenschaftler in allen Industrienationen beschäftigen, ist man weitestgehend auf Spekulationen angewiesen.

In den USA ist man seit etwa zehn Jahren dabei, Daten über den Rückgang der Zeugungsfähigkeit bei Männern zu sammeln. 1929 hatte ein Milliliter Samenflüssigkeit im Durchschnitt 100 Millionen Samenzellen. Ende der siebziger Jahre waren es nur noch 60 Millionen.

Vermutungen wurden laut: Die engen Bluejeans wären daran schuld oder auch der u. a. durch die Pille liberalisierte und damit unmäßige Geschlechtsverkehr. Aber diese Theorien waren nicht haltbar. Dr. Ralph Dougherty, ein Chemieprofessor aus Florida, stellte erstmals die These auf, die zunehmende Umweltverschmutzung sei für diesen verhängnisvollen Trend verantwortlich.

Dougherty hatte 1979 die Samenproben von 132 Studenten untersucht. Das Ergebnis war erschreckend: 23 Prozent hatten weniger als 20 Millionen Samenzellen. Nach Meinung der Wissenschaftler befinden sie sich damit im Bereich der Unfruchtbarkeit. Die chemische Analyse der Samenzellen ergab, daß sich in ihnen eine ganze Reihe giftiger Verbindungen befand (vor allem chlorierter Kohlenwasserstoff, wie Pentachlorphenol, Hexachlorbenzol, Tri- und Tetrachlorphenol, Hexachlornaphtalin und DDT). Um Dioxine zu analysieren, reichte die Kapazität von Doughertys Universitätslaboratorium damals noch nicht aus. Es sind aber vor allem Dioxine wie das Sevesogift, das bei Affen und anderen männlichen Säugetieren zur Unfruchtbarkeit führt.

Heute, so behauptet Professor Dougherty, hätte jeder zehnte Amerikaner bereits weniger als zehn Millionen Samenzellen pro Milliliter Samenflüssigkeit. Damit gilt er als unfruchtbar. Das entspricht der Erkenntnis, die auch die Mitarbeiter der sogenannten Samenbanken gemacht haben. In diesen Institutionen wird tiefgefrorener Samen zu Zwecken der künstlichen Befruchtung aufbewahrt. Von den Spendern, die sich zur Samenabgabe melden, müssen 90 Prozent abgewiesen werden. Der Grund: Sie haben weniger als die zumindest geforderten 80 Millionen Spermien pro Milliliter Samenflüssigkeit.

Diese Auswahl, die Spender mit zu geringen Samenzellen ausschließt, hat noch einen sehr positiven Nebeneffekt: Neugeborene, die durch künstliche Befruchtung gezeugt werden, weisen nur ein Sechstel der in den USA durchschnittlichen Mißbildungsrate auf.

Die Wissenschaftler erklären dieses Phänomen einmal durch das Tieffrieren und Auftauen, Prozesse, die kranke Samenzellen eher abtöten als gesunde, andererseits wird daraus aber auch geschlossen, daß die Faktoren, die die Spermien in der Samenflüssigkeit so erheblich vermindern, auch die noch verbleibenden Spermien schädigen. Zum Beweis dafür wird angeführt, daß bei einer Spermienzahl von unter 20 Millionen die Abnormität der Chromosomen erheblich zunimmt.

Für die Bundesrepublik gibt es derartige Untersuchungen nicht. Fest steht lediglich, daß auch hier die Zeugungsfähigkeit nachläßt. Und auch hierzulande befürchtet man, daß die Deutschen ein aussterbendes Volk seien. In den USA hat man derartige Bedenken präzisiert. Das Mother-Jones-Magazin druckte im April 1982 die Schreckensvision ab, daß der amerikanischen Nation im 21. Jahrhundert das Aussterben bevorstünde, falls man nicht in verstärktem Maße künstliche Befruchtungsmethoden anwenden würde.

Ob Schwarzmalerei oder reale Zukunftsberechnung – das Menetekel ist an der Wand. Und die Menschen wissen, daß sie kaum mit heiler Haut davonkommen werden. Unter »Wissen« soll nicht verstanden werden, daß sie die Gefahren in ihrem tatsächlichen Ausmaß kennen, daß sie die einzelnen Faktoren und deren Folgen richtig einschätzen könnten (wer kann das schon!). Aber sie wissen um ihre Gefährdung, und die Angst geht um wie ein Gespenst.

Als im März eine große Illustrierte in einer repräsentativen Umfrage wissen wollte, wovor sich die Deutschen am meisten fürchten, stellte sich zur allgemeinen Verblüffung heraus, daß weder die atomare Aufrüstung noch die Massenentlassungen, weder die ständig zunehmende Kriminalität noch ein einsamer Spaziergang in einem entlegenen Wald den Bundesbürgern soviel Angst einflößen wie die Gefährdung unserer Umwelt.

Zum Vergleich. Die atomare Rüstung beunruhigt 78 Prozent der Frauen und 65 Prozent der Männer. Wenn sie von Überfällen in ihrer Gegend hören, fürchten sich 65 Prozent der Frauen und 41 Prozent der Männer. Arbeitslosigkeit schreckt nur 59 Prozent der Frauen und 53 Prozent der Männer. Vor der Gefährdung der Umwelt aber haben 81 Prozent der Frauen und 71 Prozent der Männer Angst.

Was diese Angst so groß macht, ist die Gewißheit, daß der einzelne nur wenig tun kann. Um hier Abhilfe zu schaffen, muß die große Koalition *aller* Regierungen, *aller* Parteien, Industrieunternehmen, Gewerkschaften und Verbraucher, die Zusammenarbeit aller Industrienationen hergestellt werden.

Ob und wann dieser gewaltige Kraftakt gewollt wird und bewältigt werden kann, ist ungewiß. Kommen muß er, denn die Abhängigkeit des Menschen von seiner Umwelt ist unauflöslich, und das Wort »Vor den Menschen stirbt der Wald« ist mehr als eine Phrase.

Aber bis es soweit ist, kann der einzelne zwar nicht die Umwelt entgiften, und er kann sich auch nicht von dieser Umwelt abkoppeln. Aber er kann eine Menge tun, um sich selbst, seine Familie und seine Kinder gesund zu erhalten, seinen Organismus zu entgiften und sich zu schützen vor Schadstoffen in der Luft, in der Nahrung und im Boden.

Was die Leber verträgt

Wo sitzt eigentlich die Seele? – Ein Organ, leistungsfähiger als die gesamte Chemie-Industrie – Was der Leber schadet, was ihr nutzt – Die Sache mit dem Alkohol und den Tabletten – Wie die Leber mit Hormonen und Schwermetallen fertig wird – Ein verblüffendes Experiment

Die wichtigste Entgiftungszentrale unseres Körpers ist die Leber. Sie ist die größte Drüse des Menschen, liegt unterhalb des rechten Rippenbogens dicht vor dem Zwerchfell und wiegt etwa drei Pfund. 500 Funktionen erfüllt dieses Zentrallaboratorium. Wenn die Leber streikt, dann streikt unser gesamter Organismus.

Beinahe jedes Zeitalter hat ein bestimmtes Organ mythologisiert. Zu unserer Zeit ist es das Herz, das als Sitz aller Gefühle, der Liebe, des Hasses, der Trauer und der Freude poetisch verklärt wird. Die alten Babylonier betrachteten die Leber als den Sitz der Seele. Die Griechen waren sich da schon nicht mehr ganz sicher. Wenn sie auch die Seele nicht mehr so präzise lokalisierten, so glaubten sie doch, daß sie etwa da säße, wo sich die Leber befindet: in der Nähe des Zwerchfells. Das griechische Wort »Phrenes« hat eine Doppelbedeutung. Es heißt Zwerchfell und Seele zugleich. Die griechische Biologie betrachtete die Leber als das wichtigste vegetative Organ. Für sie war es Zentrum der Ernährung, Stätte der Blutbildung, Quelle des venösen Systems. Auch die Regenerationsfähigkeit der Leber hatten sie bereits erkannt. Ihre Bewunderung für diese staunenswerte Eigenschaft findet ihren Ausdruck in der Sage von Prometheus, jenem

Titanen, der wollte, daß die Menschen den Göttern gleich würden. Um das zu erreichen, müßten sie, so glaubte er, in den Besitz des Feuers gelangen. Dieses aber verweigerte ihnen eifersüchtig Zeus, der Göttervater. Prometheus stahl es ihm und brachte es den Menschen. Die Strafe für diesen Frevel war fürchterlich: Prometheus wurde an einen Felsen geschmiedet, und Tag für Tag kam ein Adler und riß ihm ein Stück Leber aus dem Leib. Wenn es Nacht wurde aber, wuchs ihm das malträtierte Organ wieder nach.

Heute ist unsere Vorstellung von der Leber nicht mehr legendär. Aber wir wissen, was wir an ihr haben. Einer der bekanntesten Leberexperten Europas, Professor Herbert Thaler von der Universität Wien, sagt voller Bewunderung: »Was die Leber als Mikro-Laboratorium leistet, läßt die gesamte chemische Industrie vergleichsweise schwerfällig und primitiv erscheinen.«

Wenn man alle Funktionen der Leber beschreiben wollte, würde das ein Buch füllen. Belassen wir es bei den wichtigsten: Alles Blut, das aus den Magen- und Darmvenen zum Herzen fließt, muß die Leber passieren. Sie verwandelt Kohlenhydrate in Fette und speichert sie als Energiereserven, die sie bei Bedarf blitzschnell ans Blut abgibt und dem Organismus zuführt.

Die Leber ist aber auch ein Blutspeicher. Von der Gesamtblutmenge, fünf bis sechs Liter, hält sie stets bis zu 15 Prozent in Reserve, um sie in Gefahrensituationen an den Kreislauf abgeben zu können.

Eine weitere wichtige Aufgabe der Leber ist die Produktion von Gallensaft. Er ist unentbehrlich für die Verdauung des Fettes. Der Gallensaft wird in der Gallenblase konzentriert und so lange gesammelt, bis er vom Darm gebraucht wird. Dann fließt er ab, und der Produktionsprozeß beginnt von neuem.

Auch bei der Heilung von Verletzungen spielt die Leber eine entscheidende Rolle. Sie erzeugt bestimmte Stoffe, die für die Blutgerinnung notwendig sind.

Wenn die Leber schwer geschädigt ist, kommt es zu Störungen in der Produktion dieser Stoffe. Der Patient kann kaum stillbare Blutungen erleiden.

Ohne die lebenswichtigen Stoffe, die von der Leber erzeugt werden, könnten unsere Nervenzellen nicht arbeiten. Und der Farbstoff der roten Blutkörperchen, das Hämoglobin, wird von der Leber in Gallenfarbstoff umgewandelt. Von ihm erhält die Galle ihre grüngelbe Färbung. Wenn durch eine gesundheitliche Störung der Gallenfarbstoff keinen Abfluß mehr von der Leber in die Gallenblase hat, tritt er ins Blut und von da in die Haut. Sie verfärbt sich gelb. So entsteht Gelbsucht.

Eine bestimmte Art von Gelbsucht hat nur bedingt etwas mit der Leber zu tun. Ihre Ursache ist eine erbbedingte Blutkrankheit, die die Blutkörperchen so rasch zerfallen läßt, daß die Leber mit der Umwandlung in Gallensaft nicht mehr nachkommt. Der Gallenfarbstoff geht also ins Blut und verfärbt die Haut.

Die Krankheit verläuft nicht kontinuierlich, sondern in Schüben, meist im Abstand von mehreren Wochen oder Monaten. Eine Entfernung der Milz kann Besserung bringen.

Gelbsucht entsteht aber auch dadurch, daß der Abfluß des Gallenfarbstoffes in die Leber blockiert ist. Der häufigste Grund für eine Gelbsucht jedoch ist eine Leberentzündung. Sie kann viele Ursachen haben. In den meisten Fällen aber wird sie durch Viren verursacht, die in die Leber eindringen. Die akute Virus-Hepatitis ist eine meldepflichtige Infektionskrankheit. Jährlich werden beim Bundesgesundheitsamt in Berlin etwa 25 000 Fälle von Neuerkrankungen gemeldet. Man schätzt, daß die Dunkelziffer der nicht gemeldeten Fälle ein Vielfaches davon beträgt.

Der Hepatitisvirus A wird meist durch verunreinigte Lebensmittel übertragen. Vor allem im Urlaub ist bei Verzehr von Meeresfrüchten, vorwiegend Muscheln und Austern, Vorsicht geboten. Die Viren gelangen durch Abwässer ins Meer und von da in die Muscheln und Austern. In diesen »Wirtstieren«, die selbst nicht erkranken, siedeln sie sich an.

Von der Ansteckung bis zur Erkrankung vergehen zwischen 15 und 50 Tage. Die Symptome sind Appetitlosigkeit und ein Druckgefühl im Bauch. Der Patient ermüdet rasch, seine Leistungsfähigkeit ist deutlich herabgesetzt. Seine Potenz läßt nach. Rheumatische Beschwerden in den Gelenken, im Nacken oder im Kreuz können hinzukommen. Oft wird der Kranke schon vor dem Auftreten der ersten Symptome durch Verfärbung des Urins und des Stuhls alarmiert.

In leichten und mittelschweren Fällen kann der Patient eine Menge dazu tun, um rasch wieder gesund zu werden. Bettruhe ist notwendig. Vor allem muß eine entsprechende Diät gehalten werden. Sie ist keineswegs so streng, wie man früher immer geglaubt hat. Der Patient sollte vermeiden, was ihm widersteht. Ansonsten kann er alles essen, was er mag, wenn er sich an die Faustregel hält: viel Eiweiß, wenig Fett und wenig Kohlenhydrate. Es hat sich herausgestellt, daß die früher übliche Kohlenhydratmast keinerlei Behandlungseffekt hat. Ebensowenig schadet Bohnenkaffee. Alkohol aber ist strikt verboten. Feuchtwarme Lendenwickel unterstützen die Heilung. In schweren Fällen gibt der Arzt Leberschutzpräparate. Die Krankheitsdauer liegt zwischen sechs und zwölf Wochen. 90 Prozent aller Fälle heilen völlig aus.

Der Hepatitisvirus B wird vorwiegend auf dem Blutweg übertragen. Spenderblut, nicht ausreichend sterilisierte Instrumente, verschmutzte Injektionsnadeln, etwa bei Rauschgiftsüchtigen, Unsauberkeit beim Geschlechtsverkehr, wo die Viren durch winzige Risse in den Schleimhäuten die Blutbahn erreichen können, sind für die Infektion verantwortlich. Der Ausbruch der Krankheit erfolgt 60 bis 120 Tage nach der Ansteckung. Der Krankheitsverlauf ist schwerer, der Heilungsprozeß dauert länger, die Gefahr eines bleibenden Leberschadens ist größer.

Bei beiden Arten der Leberentzündung kann das Frühsymptom der Gelbfärbung der Haut auch entfallen. Dadurch wird die Krankheit häufig nicht oder zu spät erkannt und kann in ein chronisches Stadium übergehen.

Eine Behandlung, mit der man einer Leberentzündung vorbeugen kann, gibt es bisher nicht. Möglich ist der Schutz durch Gammaglobuline, die Erreger abwehren können. Vor Reisen in Länder mit schlechten hygienischen Verhältnissen ist ein solcher Schutz empfehlenswert.

Wodurch unsere Leber heutzutage jedoch eine ganz besondere Bedeutung gewinnt, ist ihre Funktion als Entgiftungszentrale. Alles, was wir an Zivilisationsgiften zu uns nehmen, muß die Leber passieren.

Was sie am meisten schädigt, ist nach wie vor übermäßiger Alkoholkonsum. Er ist deshalb so gesundheitsgefährdend, weil Alkohol ein Gift ist, das ausschließlich von der Leber absorbiert werden kann. Sie wird davon so beansprucht, daß sie während des Alkoholabbaus die meisten anderen Funktionen vernachlässigen muß. Ein Beispiel: Um den Alkoholgehalt von einem Glas Bier, etwa 15 Gramm, unschädlich zu machen, braucht die Leber eine volle Stunde.

Leute, die hin und wieder mal »einen über den Durst« trinken, schädigen ihre Leber weniger als jene, die sich an den Spruch halten »mäßig, aber regelmäßig«. Bei zeitweisem Alkoholmißbrauch hat die Leber Gelegenheit, sich von ihrer Schwerarbeit zu erholen.

Über die Frage, wieviel Alkohol eine gesunde Leber ohne Schaden verkraften kann, ist viel diskutiert worden. Früher betrachtete man 80 Gramm pro Tag als den kritischen Grenzwert. Für Frauen, die alkoholempfindlicher sind, wurde dieser Wert auf 40 Gramm festgelegt. Nach neuen Erkenntnissen wurden diese Werte erheblich herabgesetzt. Danach gelten bei Männern 60 Gramm, bei Frauen 20 Gramm als Höchstwert.

60 Gramm Alkohol sind enthalten in

- 0,7 Liter Weißwein
- 2 Liter Bier
- 10 Glas Branntwein.

Wenn ein Mann also täglich mehr als eine Flasche Wein oder zwei Maß Bier trinkt, muß er mit einer Dauerschädigung der Leber rechnen.

Viele vertreten noch immer die Ansicht, vor einem feuchtfröhlichen Abend solle man sich eine ordentliche »Unterlage« schaffen. Das heißt: reichlich und fett essen. Das ist völlig falsch. Denn damit ist die Leber doppelt belastet. Sie muß das Fett und den Alkohol abbauen. Wird ihr das allzu häufig zugemutet, brechen die Entgiftungsanlagen der Leber zusammen.

Das kann lange dauern, es kann aber auch ganz plötzlich geschehen. Der Leberexperte Professor Dr. Erwin Kunz aus Wetzlar zeigte auf einem Kongreß Dia-Bilder von einer zerstörten Leber. Er kommentierte sie mit den Worten: »Der junge Mann, dessen Leber Sie hier sehen, gewann die Wette, zwei Flaschen Likör auf einen Sitz auszutrinken. Wir aber verloren – den Kampf um sein Leben.«

Die Krankheit, die durch Alkoholmißbrauch hervorgerufen wird, ist die Leberschrumpfung (Zirrhose). Sie beginnt meist mit einer Fettleber. Das ist keine Fettspeicherung, sondern eine Krankheit, die durch zusätzliche Fetteinlagerungen in den Gewebezellen der Leber gekennzeichnet wird. Verursacht wird sie durch den Alkohol, der die Oxydation der Fettzellen in der Leber hemmt. Eiweißmangel und vor allem das Fehlen des Vitamins B 12 leisten der Krankheit Vorschub. Wenn in diesem Stadium nicht striktes Alkoholverbot, fettarme Diät und Bettruhe beachtet werden, tritt die Krankheit in ihre letzte Phase: die Leberzirrhose.

In diesem gefürchteten Endstadium geht ständig lebenswichtiges Lebergewebe zugrunde. Bei einer Leberspiegelung erkennt der Arzt auf der Leberoberfläche kleine Höcker, die von Narben umgeben sind. Die Leber kann nicht mehr richtig arbeiten, der Blutabfluß aus Magen und Därmen wird erschwert. Der Körper greift zu einer verzweifelten Notmaßnahme: Er baut sich Umleitungen. Dabei erweitern sich die Venen in der Bauchhaut und in der Speiseröhre, um das vor der Leber gestaute Blut zum Herzen befördern zu können.

Dieser Blutstau im Bauchraum drückt Flüssigkeit durch die feinen Gefäße der Bauchwand und der Därme. Sie sickert in den Bauchraum und verursacht eine Bauchwassersucht. Bei fortgeschrittener Leberzirrhose können sich in Einzelfällen bis zu 20 Liter Flüssigkeit im Bauchraum ansammeln.

Schließlich droht das völlige Versagen aller Leberfunktionen. Die ganze chemische Fabrik bricht zusammen. Giftige Ablagerungsprodukte gelangen ins Gehirn und verursachen irreparable Schäden. Der Patient wird geistig verwirrt, er zittert stark und wird bewußtlos. Es folgt das Leberkoma, das zum Tod führen kann.

Aber nicht nur das fette Essen und der Alkohol sind schuld daran, daß heute in den Wohlstandsländern der Lebertod nach Herz- und Kreislauferkrankungen und dem Krebs an dritter Stelle steht, es ist auch unsere Tablettensucht. Fast alle Medikamente müssen, nachdem sie im Körper ihre Wirkung getan haben, von der Leber abgebaut werden. Das heißt: Sie werden so zerlegt, daß sie den Organismus über die Galle oder die Nieren verlassen können. Das ist nicht bei allen chemischen Wirkstoffen und vor allem nicht in jeder Menge möglich.

Unser Tablettenkonsum ist in einem geradezu gigantischen Ausmaß gestiegen. Nach einer Statistik, die Pharmakonzerne herausgegeben haben, schluckt jeder Bundesbürger im Laufe seines Lebens etwa 36 000 Tabletten, Spritzen, Tropfen und Salben nicht mitgerechnet. Dieser Rekordkonsum hat jedoch, wie die Krankenkassen melden, den »allgemeinen Gesundheitszustand trotz des steigenden Arzneimittelverbrauchs nicht gebessert«.

Nun wird ein vernünftiger Medikamentenverbrauch, der sich nach den Anweisungen des Arztes richtet, gewiß keine Leberschäden hervorrufen. Aber es gibt eben auch Fälle, in denen jedes Maß überstiegen wird. Der Verbrauch vor allem von Psychopharmaka, Schlaf- und Aufputschtabletten ist alles andere als vernünftig. Hinzu kommt, daß wir durch die Umweltschäden und durch chemische Zusätze in unseren Nahrungsmitteln in einem nicht einschätzbaren und nicht absehbaren Maße bedroht sind. Wie brüchig der Boden ist, auf dem sich die Wissenschaft bewegt, beweist ein Beispiel: Der Lebensmittelzusatz, das sogenannte Buttergelb, wird bereits nach kurzer Zeit völlig vom Körper ausgeschieden. Anders als bei vielen Pestiziden wird er nicht in Leber und Niere angereichert. Nur in gewaltigen Mengen wird das Buttergelb gefährlich. Professor Dr. Hermann Druckrey machte Anfang der fünfziger Jahre vielbeachtete Tierversuche. Er verfütterte Buttergelb an Ratten. Erst ab einer Dosis von einem Gramm erzeugte das Buttergelb Leberkrebs bei den Versuchstieren. Keine Gefahr also für den Menschen. Denn Buttergelb wird lediglich im Milligrammbereich den Nahrungsmitteln zugeführt. Aber Druckrey setzte seine Versuche fort. Er verminderte die Beigaben auf winzige Einzeldosen, diese aber verfütterte er täglich. Das Ergebnis war sensationell. Genau zu dem Zeitpunkt, an dem die Tiere die Gesamtmenge von einem Gramm Buttergelb in sich aufgenommen hatten, bekamen sie Leberkrebs. Dabei stand fest, daß sie ihre tägliche Milligrammdosis schon nach wenigen Stunden wieder ausgeschieden hatten.

Wie das möglich ist? Wir wissen es nicht. Wir müssen aber befürchten, daß es keine harmlosen Minimaldosen bei Umweltgiften gibt. Professor Druckrey schreibt: »Aus diesen Ergebnissen folgte der wichtige Schluß, daß die Wirkung aller, auch der kleinsten Einzeldosen, vollkommen irreversibel ist und über die ganze Lebenszeit fortbesteht ... Eine unterschwellige Einzeldosis gibt es hier also nicht. Selbst kleinste Dosen können verheerende Wirkungen haben, wenn sie über genügend lange Zeit immer wieder auf den Organismus einwirken.«

Ein weiteres Beispiel: Seit Anfang der siebziger Jahre ist allgemein bekannt, daß bei der Aufzucht von Kälbern, Jungbullen, Schweinen, Schafen und Geflügel Sexualhormone entweder dem Futter beigemischt oder in Hals, Nacken, zwischen die Klauen oder hinter die Ohren gespritzt werden. Hierzulande ist das synthetische Hormon DES (Diäthylstilböstrol) verboten. Mit Fleisch und Geflügel aus EG-Ländern, besonders aus Frankreich aber, wird die körperfremde Chemikalie, die das Vieh nie mehr los wird, noch immer in die Bundesrepublik eingeführt. Im Jahre 1979 zum Beispiel wurden in Hamburg bei 40 Prozent der untersuchten Mastkälber DES-Rückstände festgestellt – und das, obwohl die Arzneimittelkommission der deutschen Ärzteschaft vor der Verwendung des künstlichen Hormons schon 1977 gewarnt hatte. Sie wies auf Mißbildungen von Scheide und Gebärmutter bei weiblichen Nachkommen von mit DES behandelten Müttern hin. Bei männlichen Nachkommen seien Zysten an den Nebenhoden, ein unterentwickelter Penis und ein krankhafter, bis zur Unfruchtbarkeit veränderter Samen entdeckt worden.

Wie sehr sich dieses Hormon in der Leber speichert, beweist ein klinischer Versuch von Professor F. Eichholtz an Frauen. Durch ihn wurde festgestellt, daß der Genuß von vier bis fünf Hühnerlebern täglich, drei Tage lang, zur Menstruation geführt hat. Viel gefährlicher für Mensch und Tier aber sind die chlorierten Wasserstoffe, die durch Unkraut- und Schädlingsvernichtungsmittel in die Umwelt gelangen. Man findet ihre Rückstände nicht nur im Fleisch der Schlachttiere, sondern auch im Wild, in Hasen und Fasanen. Chlororganische Verbindungen sammeln sich, weil sie sehr gut fettlöslich sind, allerdings hauptsächlich im Speck, den Reh und Hase kaum ansetzen können. Aber dafür speichert sich das Umweltgift bei ihnen im Nervengewebe und vor allem in der Leber.

Das Bestürzende ist, daß wir kaum einen Überblick haben, welche Schadstoffe wo und in welcher Menge entstehen. Und schon gar nichts wissen wir über deren Umwandlungsprodukte. Wir wissen nur eines: Trotz besserer Diagnostik, wirkungsvolleren Medikamenten und immer moderneren Therapieverfahren steigt die Zahl der chronischen Lebererkrankungen in erschreckendem Maße. Die Sterblichkeit an Leberzirrhose ist mit 86 Prozent die häufigste aller Lebererkrankungen.

Gerade deshalb ist es für den Patienten lebenswichtig, die Symptome zu kennen. Die Krankheit äußert sich in Appetitlosigkeit, Völlegefühl, Potenzschwäche und verminderter Merkfähigkeit. Es entsteht ein Druckgefühl in der Lebergegend, die Zunge verfärbt sich himbeer- bis erdbeerrot. Die Lippen sehen aus wie blau lackiert. In den Augen bilden sich kleine, netzförmige Adern. Die Hände zittern. Das sind Vorstadien des Leberkomas, die von den Betroffenen nur allzu oft übersehen werden. Erkennt man sie jedoch, dann ist oft noch Rettung in letzter Minute möglich.

Eine dieser Möglichkeiten ist die Ausspülung des gesamten Blutkreislaufes. Sie wurde erstmals 1972 von dem amerikanischen Luftwaffenarzt Dr. Gerald Klebanoff durchgeführt. Er unterkühlte die Körpertemperatur seines Patienten, der bereits im Koma lag, auf 29 Grad. Dann führte er ihm eine Kanüle in die Halsvene ein. Durch sie ließ er das ganze »vergiftete«

Blut ablaufen und spülte gleichzeitig den Körper mit einer eiweiß- und salzhaltigen Flüssigkeit aus. Anschließend bekam der Patient sechs Liter frisches Blut. Am nächsten Tag erwachte er aus seiner Ohnmacht. Am dritten Tag konnte er das Bett verlassen.

Professor Christiaan Barnard, der als erster ein Herz verpflanzte, wagte auch als erster den spektakulären Versuch, menschliches Blut von einer tierischen Leber reinigen zu lassen. Er schloß den Blutkreislauf einer 29jährigen Frau, die bereits im Leberkoma lag, an den Kreislauf eines Pavians an. Etwa 60 Stunden waren Mensch und Affe über Schläuche, die von der Armarterie der Kranken zur Beinarterie des Affen führten, miteinander verbunden. Die Frau konnte gerettet werden. Erst Monate später starb sie – an einer neuen Lebervergiftung.

Inzwischen wird die Blutreinigung durch tierische Leber an vielen Universitätskliniken praktiziert. Da aber nicht immer ein Pavian zur Verfügung steht, behelfen sich die Ärzte in den meisten Fällen mit einer Schweineleber.

Das tierische Organ wird herausoperiert, durchspült und in einer Glaswanne auf Körpertemperatur gehalten. Die Prozedur verläuft ansonsten wie beim Affen. Das vergiftete Blut fließt aus der Armvene des Patienten in die Schweineleber, wird dort gereinigt und anschließend in den Kreislauf des Menschen zurückgeführt.

Im Jahre 1969 versuchte Professor Alfred Gütgemann als erster deutscher Chirurg eine Lebertransplantation. Der Patient hat die Operation sieben Monate überlebt. Inzwischen wurden viele hundert Transplantationen gemacht. Aber die Überlebenschancen der Patienten sind sehr viel geringer als bei Herzverpflanzungen. Der Grund: Im Vergleich zur Leber ist das Herz geradezu simpel gebaut.

Die »Maschinenleber« erscheint den Ärzten deshalb noch immer als der erfolgversprechendere Weg. Im

Londoner Kings-College-Hospital hat man 1973 erstmalig in Europa einem Menschen mit Hilfe einer künstlichen Leber das Leben gerettet. Der Apparat besteht aus Stahl, Glas und Kunststoff. Zur Entgiftung dient ein Kohlefilter. Aber trotz des gewaltigen Fortschrittes in der Apparate-Medizin sind wir von einer verläßlich funktionierenden künstlichen Leber noch weit entfernt. Einen Apparat, der die 500 chemischen Reaktionen, die die Milliarden von Leberzellen täglich bewältigen, übernehmen könnte, gibt es noch nicht.

An der Wiener Universität, wo ein Team an der Entwicklung der künstlichen Leber arbeitet, verwendet man deshalb als Filter noch immer Leber tierischer oder menschlicher Herkunft. Aber anders als bei Nierenkranken sind derartige »Blutwäschen« nur das allerletzte Mittel. Und die Überlebenschancen der Patienten sind gering.

Ein Mittel jedoch hilft immer: vernünftig leben. Das ist wichtiger denn je. Denn niemand kann mit Sicherheit sagen, welche Umweltschäden, die von dem einzelnen nicht beeinflußbar sind, unsere Stoffwechselvorgänge und Organfunktionen beeinträchtigen. Rechtzeitiges Erkennen, Vorbeugen und Entgiften des Organismus aber war und ist auch heute noch ein Hauptanliegen der Naturheilmedizin.

Was an die Nieren geht

Das »wunderbarste Organ« unseres Körpers – Warum sich die Weltgesundheitsorganisation mit unseren Nieren beschäftigen muß – Warum Frauen mehr leiden müssen als Männer – Symptome, Behandlung, Heilung – Ein Gesetz, das Tausenden helfen könnte

Was uns heutzutage alles an die Nieren geht, weiß so genau kein Mensch mehr zu sagen. Was man weiß, ist, daß sich der Cadmiumspiegel im Menschen innerhalb von zwei Generationen verfünffacht hat. In einem besonders gefährdeten Organ, der Nebennierenrinde, hat er sich sogar verfünfzigfacht.

Das ist, sagt die Weltgesundheitsorganisation, noch immer ungefährlich. Sie hat den bedenklichen Grenzwert auf 200 mg/kg in der Nebenniere festgesetzt. Der statistische Durchschnittseuropäer bringt es aber nur auf 20 Milligramm Cadmium pro Kilo. Nun sagt der Durchschnitt natürlich nicht viel über die Gefährdung des einzelnen. In Bayern wurden 1982 genau 163 menschliche Nieren auf ihren Cadmiumgehalt untersucht. Neun davon enthielten zwischen 100 und 200 mg, zwei über 200 mg.

Auch Östrogene setzen sich in der Niere fest. In einer Kalbsniere fanden sich einmal acht verschiedene Sexualhormone. Einige dieser Rückstände waren sicherlich Umwandlungsprodukte eines anderen Hormons.

Aber nicht nur das Schlachtvieh enthält Rückstände, die unsere Nieren belasten, schlimmer noch ist es bei dem Wild, das in freier Natur, fernab von Medikamenten und Kraftfutter lebt. Die Nieren der Tiere, vor allem der Hasen, enthalten dreimal soviel Cadmium wie Schweine- und Rindernieren und fünfmal mehr Quecksilber als die besonders stark belasteten Seefische. Man nennt diese Tiere Bio-Indikatoren, weil sie Auskunft darüber geben, in welchem Maße unsere Umwelt verschmutzt ist.

Wie Umweltgifte auf die Nieren der Menschen wirken, ist schwer zu sagen. Beim Cadmium kann die Anreicherung über Jahre erfolgen, ohne daß irgendwelche Symptome auftreten. Wenn das jedoch der Fall ist, dann ist meist schon eine Kapazitätsgrenze in der Niere erreicht, die irreversibel ist. Die Diagnose einer gesundheitlichen Belastung wird immer erst dann gestellt, wenn die Nieren schon geschädigt sind.

In der Bundesrepublik wird die Diagnose »endgültiges Nierenversagen« jährlich etwa 3000mal gestellt. Etwa 7000 Menschen verdanken ihr Leben einem Apparat: der künstlichen Niere. 1983 starben 12 000 Bundesbürger an Erkrankungen der Harnorgane. Nach einem Bericht des Bundesgesundheitsamtes werden jährlich zwischen 150 000 und 200 000 Neuerkrankungen gemeldet. Sie sind in den meisten Fällen nicht dramatisch. Bakterien sind durch die Harnröhre in die Blase gewandert, haben dort Entzündungen hervorgerufen und sind dann über die Harnleiter in die Nieren gelangt. Nicht selten ist eine harmlose Erkältung die Ursache eines späteren Nierenleidens. Häufig ist aber auch Tablettenmißbrauch schuld an einer Nierenerkrankung. Vor allem das Phenacetin, das in Betäubungsmitteln, Schlafmitteln und Rheumatabletten enthalten war und heute von anderen Chemikalien ersetzt worden ist, hat, wenn es über Jahre genommen wurde, zu schweren Nierenschädigungen geführt. Auf welche Weise die Schädigung eintritt, ist bis heute nicht genau bekannt. Es wird angenommen, daß es zu einer Zerstörung von roten Blutkörperchen kommt, deren Abbauprodukte sich in den Nieren ansammeln.

Es gibt Wissenschaftler, die bezeichnen die Nieren als das wunderbarste Organ des Körpers. Wenn man weiß, wie sie beschaffen sind, was ihre Aufgabe ist und was sie leisten, dann kann man wahrhaftig von einem Konstruktionswunder sprechen.

Die beiden Nieren des Menschen sitzen tief zwischen Brust und Bauchraum unterhalb der unteren Rippen. Sie sind zehn bis zwölf Zentimeter lang, sechs bis sieben Zentimeter dick, kaum faustgroß und wiegen zusammen zwischen 120 und 160 Gramm. Durch ihre rund 200 Millionen winzigen Gefäßbündel und Kanälchen, die ein Röhrensystem von rund 100 Kilometern bilden, fließt Tag für Tag 300mal die gesamte Blutmenge, etwa 1500 Liter. Die Nierenkörperchen bilden sehr wirkungsvolle, je nach Anforderung »verstellbare« Filter, die alles, was der Körper nicht verwerten kann, herausfiltern. Was ihm nutzt, bleibt im Blut. Was ihm schadet, wird an die zusammen etwa zehn Kilometer langen Harnkanälchen abgegeben, in die Harnblase abgeleitet und mit dem Urin ausgeschieden. Genaugenommen lebt unser Organismus nicht von dem, was wir zu uns nehmen, sondern von dem, was die Nieren behalten.

Ein gesunder Mensch scheidet täglich etwa einen bis zweieinhalb Liter Urin aus. Er besteht zu 95 Prozent aus Wasser, in dem etwa 25 bis 30 Gramm Harnstoff, Salze und nicht verwertbare Aminosäuren gelöst sind. Man hat ausgerechnet, daß im Laufe eines Lebens etwa 1000 Kilo feste Stoffe von der Niere ausgeschieden werden.

Das Wunderbare am Filtersystem der Niere ist, daß es nicht etwa alles aus dem durchfließenden Blut herausfiltert, sondern sehr genau zwischen nützlichen und schädlichen Stoffen unterscheiden kann. Zu allen Zeiten haben deshalb Ärzte aus der Zusammensetzung des Urins Schlüsse auf die Gesundheit des Patienten gezogen. Im Mittelalter war die Harnschau eine angesehene Kunst, der man weit größere Bedeutung zumaß als sie tatsächlich hatte. Heute wird der Urin im Labor auf seine chemischen Reaktionen untersucht und beurteilt. Die Harnuntersuchung ist fester Bestandteil jedes Gesundheitstests.

Das Filtrieren des Blutes ist aber nicht die einzige Aufgabe der Niere. Sie regelt auch den Flüssigkeitshaushalt des Körpers, der zu 80 Prozent aus Wasser besteht. Ob wir durch starkes Schwitzen zuviel Flüssigkeit abgeben, ob wir zuviel oder zuwenig trinken – die Nieren müssen dafür sorgen, daß die Konzentration der im Wasser gelösten lebensnotwendigen Stoffe stets gleich bleibt. Dabei hilft ihr ein Hormon, das die Hirnanhangdrüse aussendet. Mit dem Blut gelangt es in die Nieren und gibt ihnen bei Flüssigkeitsmangel den Befehl, dem Urin mehr Wasser zu entziehen. Fehlt dieses Hormon, dann lassen die Nierenkörperchen das Wasser abfließen, entziehen ihm aber mit dem Kochsalz zugleich das Natrium. Ein Hormon der Nebennierenrinde hat wiederum den Auftrag, dafür zu sorgen, daß mehr Kalium im Blut bleibt.

Zwischen Natrium und Kalium entstehen winzige elektrische Spannungsunterschiede, die für die Aufrechterhaltung der Lebensfunktionen sehr wichtig sind. Die Arbeit der Herzmuskelzellen zum Beispiel ist nur möglich, wenn diese biochemische Spannung zwischen Natrium und Kalium herrscht.

Auch auf den Blutdruck haben die Nieren durch das Hormon Renin und durch das Aldosteron, das die Nebennierenrinde produziert, erheblichen Einfluß. Das ist der Grund, weshalb die meisten Nierenkranken an Bluthochdruck leiden, der wiederum das Herz und den Kreislauf schädigt.

Die Nieren werden durch eine Reihe von Krankheiten bedroht. Steinbildungen, Tuberkulose, Zysten, gutartige und bösartige Geschwülste, vor allem aber Entzündungen. Nach Meinung von Experten wird die Nierenentzündung immer mehr zu einer Volkskrankheit. Die Ursache dafür ist, daß die Symptome, Brennen beim Wasserlassen, starker Harndrang, gelegentlich leichtes Fieber, oft als harmlose Blasenentzündung diagnostiziert werden. Der Bonner Nierenspezialist Professor Dr. Herbert J. Kramer sagt: »Nur etwa 30 Prozent der Patienten bieten sichere Hinweise für das Vorliegen einer chronischen Pyelonephritis (Nierenentzündung). Das ist um so alarmierender, als eine nicht erkannte chronische Nierenentzündung in etwa 30 Prozent der Fälle zum Nierenversagen führt.«

Frauen sind etwa doppelt so häufig von dieser Krankheit bedroht wie Männer. Der Grund: Die Harnröhre des Mannes ist etwa 24 Zentimeter lang, die der Frau nur drei bis vier Zentimeter. Bakterien, die in die Harnröhre eindringen, haben also im weiblichen Genitaltrakt einen sehr viel kürzeren Weg zurückzulegen. Vor allem schwangere Frauen sind dieser Infektion ausgesetzt. Die Harnleiter sind während dieser Zeit stark erweitert. Und der Harn staut sich in den oberen Harnwegen, weil die vergrößerte Gebärmutter auf sie drückt. Jede Harnstauung aber begünstigt Infektionen und damit Entzündungen.

Mit den gleichen Symptomen müssen auch Männer über 60 rechnen, deren vergrößerte Vorsteherdrüse oft auf die Harnröhre drückt und auf diese Weise ebenfalls Harnstauungen hervorruft. Die Symptome eines Nierenschadens machen sich meist erst spät, dann aber doch sehr deutlich bemerkbar: Bei ständigem Harndrang scheidet der Patient zu wenig Urin aus. Er hat starken Durst, verliert Gewicht und empfindet Schmerzen in der Nierengegend, die in die Lenden ausstrahlen. Es kann zu Fieber und nächtlichen Nierenkrämpfen kommen. Der Blutdruck steigt an, und ein unangenehmer metallischer Geschmack kann sich im Mund bemerkbar machen. Spätsymptome, die allerdings dann schon auf Vergiftungserscheinungen im Gehirn hinweisen, sind ständige Kopfschmerzen und Sehstörungen. Die Nierenschädigung hat dann bereits auf Herz und Kreislauf übergegriffen und zu Lungenstauungen geführt.

Wie lange es dauert, bis eine Nierenentzündung zum

Nierenversagen führt, ist individuell sehr verschieden. Es kann Wochen dauern. Das Leiden kann sich aber auch schleichend über Jahre und Jahrzehnte hinziehen.

Urin- und Blutuntersuchungen, Sichtbarmachung des Niereninneren durch ein Kontrastmittel bei Röntgenaufnahmen oder durch Ultraschall sind sichere Diagnosemittel.

Die Behandlung der Nierenentzündung wird in den meisten Fällen mit Antibiotika und biologischen Methoden durchgeführt. Bettruhe, Wärme, heiße Wickel, Fangopackungen und viel Flüssigkeit zum »Ausspülen«. Für Nierenkranke gilt: So wenig Kochsalz wie möglich, nur so viel Eiweiß wie unbedingt nötig.

Eine weitere Krankheit der Nieren sind Nierensteine. Falsche Ernährung und mangelnde Bewegung können schuld daran sein. Häufiger aber entstehen sie durch Medikamentenmißbrauch, vor allem durch Schlaf-, Herz- und Abführmittel. Aber auch absterbende Körperzellen, Eier von tierischen Schmarotzern oder Bakterien können als Kristallisationskerne dienen.

Die Symptome für Nierensteine muß man nicht beschreiben. Sie lösen Nierenkoliken aus, die mit schier unerträglichen Schmerzen verbunden sind.

Man schätzt, daß von 100 Menschen einer einen Nierenstein mit sich herumträgt, ohne es zu wissen. Männer werden doppelt so häufig davon befallen wie Frauen. Man unterscheidet folgende Arten von Nierensteinen:

Kalziumoxalatsteine. Sie sind hell- oder dunkelbraun, groß und hart. Meist haben sie die Form einer Maulbeere. Sie machen etwa zwei Drittel aller Nierensteine aus. Wer zu dieser Art von Steinbildung neigt, sollte alle Gemüsearten, die Oxalate enthalten, vermeiden. Das sind: Rhabarber, Tomaten, Rüben, Spinat, Kartoffeln und Pilze, außerdem Kernobst wie

Kirschen, Pflaumen und Aprikosen. Empfohlen werden Fleisch, Fette, Reis und Kaffee.

Uratsteine bilden sich ebenfalls bei saurem Harn. Sie sind gelbgrau bis rotbraun. Bei diesen Steinen sollte man seinen Verbrauch an Fleisch, Fisch, Eiern, Milch und Käse einschränken. Erlaubt sind Fett, Brot, alle Mehlspeisen, Obst und frisches Gemüse.

Phosphatsteine können entstehen, wenn der Harn alkalisch reagiert. Sie sind weiß bis gelb und verhältnismäßig weich. Bei ihnen und bei Karbonatsteinen, die weiß, von derber Struktur und ziemlich selten sind, sollte man auf Milch, Eier, Obst und Gemüse möglichst verzichten. Brot, Fleisch, Käse und Hülsenfrüchte sind zu empfehlen.

Die Behandlung hängt von der Größe der Steine ab. Sand- oder grießförmige Steine lassen sich meist durch eine Trinkkur entfernen. Bei bis zu erbsengroßen Steinen können folgende Methoden versucht werden: Einläufe, heiße Sitzbäder und Darmbäder wirken krampflösend und schmerzlindernd. Trinkstöße mit heißem Lindenblüten-, Pfefferminz-, Kamillen- oder Fliedertee, Aufgüsse aus Zimtkraut oder Birkenblättern, denen man ein wenig Glyzerin beisetzt, erhöhen den Harndruck und begünstigen die Austreibung der Steine.

In 50 Prozent der Fälle jedoch müssen sie operativ entfernt oder nach einer neuen Methode durch Ultraschall zertrümmert werden. Wenn es jedoch zu einem Nierenversagen kommt, dann kann der Patient nur noch durch den Anschluß an eine künstliche Niere gerettet werden.

An diese Maschine, die heute Hunderttausende von Menschen in aller Welt am Leben erhält, wurde zum erstenmal 1943 im Krankenhaus der niederländischen Stadt Kampen ein Mensch angeschlossen. Professor Dr. Willem J. Kolff und seine Mitarbeiter hatten den Apparat zusammengebastelt. Es war eine Sternstunde der Medizin. Inzwischen ist diese ehemals gigantische

Maschine so verfeinert, verkleinert und vereinfacht worden, daß der Patient sie sich kaufen und zu Hause aufstellen kann.

Ihr Prinzip jedoch ist das gleiche geblieben: Mit einer Pumpe wird das Blut aus einer Arterie durch ein Spulensystem gedrückt. Eine sehr komplizierte Ausfilterungsmethode befreit das Blut von Stoffwechselschlacken, Abfallprodukten und anderen schädlichen Substanzen. Gewaschen und entgiftet wird es durch eine Vene in den Körper zurückgeleitet. Patienten, deren Nieren nicht mehr arbeiten, müssen jeden dritten Tag für etwa zwölf Stunden an die künstliche Niere angeschlossen werden.

Während der sogenannten Dialyse wird die Gerinnungsfähigkeit des Blutes aufgehoben. Es muß dafür gesorgt werden, daß Temperatur und Blutdruck gleichbleibend sind. Absolute Keimfreiheit ist selbstverständlich.

In jenen Zeiten, Anfang der fünfziger Jahre, in denen es noch viel zu wenig künstliche Nieren gab, waren die Ärzte oft in die Situation gedrängt, Richter über Leben und Tod sein zu müssen. Um diese Belastung erträglicher zu machen, wurden Jurys aus Ärzten, Stadträten und Geistlichen gebildet, die zu entscheiden hatten, welcher Patient angeschlossen wurde, also leben durfte, und welcher nicht, also sterben mußte.

Dieser unerträglichen Entscheidungslast sind die Ärzte heute nicht mehr ausgesetzt. Künstliche Nieren sind in ausreichendem Maße vorhanden. Es ist jedoch das Ziel der Medizin, den Patienten das Leben durch Unabhängigkeit vom Krankenhaus lebenswerter zu machen. Heimdialyse-Geräte sind die Lösung. Ihr Preis ist etwa 20 000 Mark, und das Filtersystem, das nur einmal benutzt werden kann, kostet etwa 300 Mark. Bei zehn Blutwäschen im Monat sind das 3000 Mark. Das Leben des Patienten ist zwar durch die künstliche Niere erst einmal gerettet, aber es ist abhängig von einem Apparat. Die psychische Belastung ist oft ebenso groß wie die physische. Und die maschinelle Blutwäsche verursacht darüber hinaus eine beschleunigte Arterienverkalkung. Wirklich gesund machen kann den Nierenkranken nur eine Organübertragung. Chirurgisch ist das kein Problem mehr.

Auch das Immunsystem des Körpers, dessen Aufgabe es ist, artfremdes Eiweiß abzutöten oder abzustoßen, kann durch entsprechende Medikamente unterdrückt werden. Um möglichst wenig dieser Medikamente einsetzen zu müssen, stellt man durch neuartige, komplizierte Tests größtmögliche Übereinstimmung von Blut und Gewebe zwischen Spender und Empfänger fest.

Trotzdem hat auch eine gelungene Nierentransplantation ihre Nachteile. Durch die künstlich geschwächte Immunabwehr bekommen Transplantationspatienten hundert- bis tausendmal mehr bösartige Tumore als vergleichbare Kontrollpatienten. Das eigentliche Problem aber ist das nicht. Was den Ärzten und natürlich in noch stärkerem Maße den unheilbar Nierenkranken zu schaffen macht, ist der Mangel an Spenderorganen.

Die Bundesbürger sind im Vergleich mit anderen europäischen Nationen am schlechtesten dran. In Norwegen und Dänemark leben drei von vier Patienten mit einer fremden Niere. Hierzulande ist es nur jeder 15. In der Bundesrepublik ist nur etwa ein Prozent der Bürger als potentieller Organspender gemeldet. In den Niederlanden ist es jeder achte. In der holländischen Stadt Leiden wurde deshalb auch die europäische Organbörse, Eurotransplant, eingerichtet. Dort sind in einem Computer die Daten aller Nierenleidenden, die auf eine Transplantation warten – etwa 3500 aus der Bundesrepublik – gespeichert. Nach Leiden wird auch gemeldet, wenn ein Organspender stirbt. Die Daten werden verglichen, und wenn eine hohe Übereinstimmung erzielt werden kann, wird die Spenderniere per Bahn, Auto oder auch mit dem Flugzeug über jede Entfernung transportiert.

Wir wissen heute, daß außer Infektion und Arzneimittelmißbrauch auch Umweltgifte unsere Nieren schädigen können. Bei einigen ist es bewiesen. Andere stehen im Verdacht. Aber die Umwelt ist ein zu komplexes Netzwerk von chemischen, biologischen und toxischen Substanzen, als daß man alles analysieren könnte. Untersuchen kann man immer nur die Wirkungen, die man kennt.

Ein Beispiel dafür ist der Asbest. Als er vor etwa 20 Jahren in den Verdacht geriet, krebsauslösend zu sein, war man der Ansicht, daß die winzigen Asbestnadeln mit dem Lichtmikroskop ausreichend untersucht werden könnten. Einige Jahre später hieß es, daß das Lichtmikroskop nicht ausreiche, man benötige das Raster-Elektronenmikroskop. Heute ist man der Überzeugung, daß auch das unzulänglich sei. Brauchbare Ergebnisse könnten nur mit dem Transmissions-Elektronenmikroskop erzielt werden. Das ist ein Gerät, das nur in zehn Instituten existiert und beherrscht wird.

Das soll heißen: Je mehr wir über Umweltgifte wissen, um so größer wird das Problem, um so schwieriger ist die Analyse. Keine noch so große Allianz von Wissenschaftlern ist imstande, die 60 000 bis 70 000 chemischen Substanzen, die im Produktionsprozeß sind, zu untersuchen. Man kann aber einige Stoffe, von denen man weiß, daß sie in bestimmter Menge toxisch sind, herausgreifen und analysieren. Das geschieht auch, und die Wissenschaftler haben sehr konkrete Aussagen dazu gemacht. Vom Blei zum Beispiel wissen wir sehr genau, wie und wo es angreift und welche Wirkungen es auf den Organismus hat. Wenn es sich jedoch um Gemische handelt, machen die Wissenschaftler keinerlei Aussage. Sie wissen ganz einfach nichts darüber. Nach dem heutigen Stand der Erkenntnis kann man davon ausgehen, daß die meisten Schadstoffe, Medikamente und Umweltgifte den Organismus des Menschen ohne schädigende Wirkung passieren. In Einzelfällen aber kann es durch Umwandlung der Substanzen durch die körpereigene

Chemie zu spektakulären Auswirkungen kommen. Und sehr häufig ist es auch nicht die Einzelsubstanz, die schließlich schädigt, sondern die Summierung aller möglichen Verbindungen.

Professor Gottfried Keller von der Universität Wien drückt es so aus: »Der Nachweis solcher Schädigung am Menschen ist mit heutigen Methoden so gut wie unmöglich, besonders da – bis sie zur sichtbaren Auswirkung kommen – 15 Jahre und mehr vergehen können, sie überdies von akuten Krankheiten im Laufe dieser Zeit überlagert werden. Die betroffenen Personen gelten als klinisch gesund. Umweltschäden plus interkurrente Erkrankungen erzeugen sogenannte Bagatellschäden, die die Arbeitsfähigkeit nur in etwa beeinträchtigen. Nur kommt es allmählich zur Erschöpfung der regulierenden Systeme, zum Zusammenbrechen der Widerstandskraft.«

Diese Situation sollte heute jeden veranlassen, den Begriff der Vorbeugung zu erweitern, Risikofaktoren auszuschalten und entgleiste Stoffwechselvorgänge frühzeitig zu erkennen und nach Vermögen zu normalisieren.

Den Nieren, diesen treuesten Dienern des Menschen, kann man ihre Aufgaben durch viele Methoden, auf die im einzelnen noch eingegangen werden wird, erleichtern. Tausenden von Schwerstkranken aber könnte sehr rasch geholfen werden, wenn sich die Bundesregierung endlich dazu entschließen könnte, das schon lange geplante Transplantationsgesetz zu verabschieden. Danach sollte jeder Bundesbürger zu Lebzeiten darüber entscheiden, ob ihm nach seinem Tode Organe entnommen werden dürfen oder nicht. Keiner würde dadurch bevormundet oder in seiner ethischen oder religiösen Auffassung gekränkt. Die freie Entscheidung wäre keinem genommen. Aber für viele Tausende könnte ein solches Gesetz lebensrettend sein, oder sie zumindest vor einer oft jahrelangen Krankheit und von quälenden Therapien befreien.

Haut, Lunge, Drüsen

Wie uns die dünne Haut sogar von Schwermetallen befreit – Warum das Ausatmen noch wichtiger ist als das Einatmen – Wie Ihnen ein kleiner Trick zu mehr Atemluft verhilft – Warum Sie Ihren Durst erst nach dem letzten Saunagang stillen dürfen

Die junge Frau schien zu schlafen. Sie war quer über ihr Bett hingestreckt, lag auf dem Bauch und war nackt. Was am Anblick dieses schönen und schlanken Körpers so faszinierte, war die Tatsache, daß er aussah, als wäre er aus purem Gold. Vor kurzem noch hatte die Frau gelacht, geliebt, gelebt. Nun war sie von Kopf bis Fuß mit Goldstaub bedeckt, und sie bewegte sich nicht mehr. Die Frau war tot. Der Goldstaub hatte die Poren ihrer Haut verstopft.

Dieser heimtückische Mord aus dem James-Bond-Film »Goldfinger« ist die Rache des gold-besessenen Mr. Goldfinger an einer Verräterin – an seiner Sekretärin, die sich mit dem Geheimagenten 007 eingelassen hat. Das Verbrechen zeigt, was passiert, wenn die Atmung durch die Haut ausgeschaltet wird. Und nicht nur die Atmung: Die Haut ist die Schutzzone zwischen Körper und Umwelt. Diese elastische Körperverpakkung ist wasserdicht. Die Haut ist ein vielseitiges Organ zur Abwehr von Krankheitserregern und Giften. Aber sie wehrt nicht nur ab. In der Haut findet ein ständiger Kampf gegen gefährliche Keime statt, die bereits eingedrungen sind. Doch am meisten beeindruckt angesichts unserer Auseinandersetzung mit Giftstoffen eine besondere Fähigkeit der Haut: Ihr Gewebe kann fremde Stoffe aufsaugen und einlagern – auch Schadstoffe, die der übrige Körper loswerden möchte: Säuren, Salze, Bakterien, Abfallschlacken und Gifte. Diese zwei Quadratmeter Haut sind ohne Übertreibung jener Bereich, der die Nieren und die Leber bei ihrer Entgiftungsarbeit am wirksamsten unterstützen kann.

An den Versuchen unseres Körpers, zum Beispiel Kochsalz wieder loszuwerden, läßt sich die Leistung der Haut als Mülldepot besonders deutlich machen. Solange wir gesund sind, uns eher salzarm ernähren, werden unsere Entgiftungsorgane mit einem Großteil des im Körper vorhandenen Kochsalzes spielend allein fertig. Die Haut muß, und auch das nur vorübergehend, nur 20 bis 25 Prozent des Salzes aufnehmen. Verbrauchen wir zuviel Salz, werden Leber und Nieren es nicht so schnell wieder los. Die Körperflüssigkeiten transportieren es in alle Bereiche, und je salzhaltiger diese Flüssigkeiten sind, um so mehr Wasser speichert die Haut ein. Dabei muß sie oft mehr aufnehmen, als sie verkraften kann. Leicht steigt die Speichermenge auf ein Drittel des gesamten Salzgehaltes. Selbst Anhäufungen von bis zu 50 Prozent der Salzmenge in der Haut sind keine Seltenheit. Das hört sich harmlos an. Aber was mit Kochsalz geschieht, passiert auch mit anderen Salzen, mit sämtlichen im Körper vagabundierenden Säuren, mit Eiweißschlacken und Stoffwechselgiften. Selbst Brom und Arsen speichern sich hier. Durch diese Fähigkeit erleichtert die Haut zwar der übrigen Giftpolizei die Arbeit, indem sie das Blut reinigt, aber für ständige Entgiftungsvorgänge ist sie nicht geschaffen. Nur im Notfall sollte sie derart strapaziert werden. Der Notfall findet inzwischen täglich statt, wie jeder Hautarzt bestätigen kann. Jede Hautentzündung geht mit überhöhten Einlagerungen schädlicher Stoffe in der Haut einher. Wenn zum Beispiel unsere Kopfhaut juckt oder übertrieben empfindlich auf Kälte oder Druck reagiert, dann ist fast immer zuviel Kochsalz im Spiel. Wenn wir also unsere Haut schon als dauernden Müllspeicher mißbrauchen, dann sollten ihr wenigstens ab und zu Erholungsphasen gegönnt werden, in denen sie sich von ihren giftigen Einlagerungen wieder befreien kann.

Sie werden später in diesem Buch lesen, wie Sie mit Wasser, Licht und Luft die Durchblutung der Haut fördern können. Wie sinnvoll eine hautfreundliche Kleidung ist, wie entschlackende, entwässernde und entgiftende Ernährung auch der Haut zugute kommt und warum jeder Saunabesuch die Funktionen der Haut belebt. Der Kräuterpfarrer Sebastian Kneipp hat in jede Heilbehandlung auch die Behandlung der Haut einbezogen. Er wußte: Ein Organ, das nicht gefordert wird, verkümmert. Wenn die Haut verkümmert, erkrankt nicht nur sie, sondern als nächstes erkranken auch innere Organe. Bakteriengifte und Stoffwechselschlacken überfordern die Nieren und die Leber; das Blut wird diese Schadstoffe nicht mehr an die Haut los – und die Erkrankung der Haut wird selbst zur Ursache weiterer Erkrankungen.

Sehr oft treten nämlich Reizungen, Entzündungen und Vergiftungen im Inneren des Körpers dann auf, wenn die Speicherkapazität an Reizstoffen in der Haut erschöpft ist. So wurde in den letzten Jahren unsere Lunge zu einem kaum beachteten Abwehrorgan gegen Gifte, dessen Bedeutung nicht hoch genug eingeschätzt werden kann.

Wenden wir uns von dieser zwei Quadratmeter großen Kontaktfläche unseres Körpers mit der Außenwelt einer anderen Fläche zu, die so groß ist wie ein Tennisplatz – der Lunge und ihren 300 Millionen Bläschen.

Ihre Oberfläche umfaßt 70 bis 100 Quadratmeter. Durch diese Fläche hindurch dringt Atemluft in unsere Blutbahn und strömt verbrauchte Luft wieder aus. Zwei Kilogramm nimmt unser Organismus innerhalb von 24 Stunden für gewöhnlich in Form von Flüssigkeit auf, dazu ein Kilo feste Nahrung. Nicht wenig, und doch äußerst geringe Mengen, wenn wir uns vor Augen führen, wieviel Liter Luft die Lungen in der gleichen Zeit in unseren Körper aufnehmen und wieder abgeben. Wir Erwachsenen machen im Durchschnitt zehn bis sechzehn Atemzüge pro Minute. Sportler, deren Lunge auf ein größeres Volumen trainiert wird, kommen in Ruhelage mit der Hälfte aus, während ein Neugeborenes seine Lunge fast in jeder Sekunde mit Luft füllt und leert.

Zurück zu uns: Mit jedem Atemzug inhalieren wir einen halben Liter Luft – Luft, die zu etwa 20 Prozent aus Sauerstoff, zu rund 80 Prozent aus Stickstoff und zu einem Prozent aus Edelgasen besteht. Nur etwa zwei Drittel dieser Atemmenge erreichen unsere Lunge. Der Rest verbleibt ungenützt in der Mundhöhle, im Nasen- und Rachenraum, in der Luftröhre und in den Bronchien. In der Lunge trifft die Atemluft nicht etwa auf einen schlaffen, leeren Beutel, denn selbst nach dem Ausatmen bleiben in ihr und ihren Bläschen noch gut zwei bis vier Liter Luft. So mischen sich nach jedem Atemzug rund drei zehntel Liter Frischluft mit etwa zehnmal soviel bereits vorhandener Luft. Das hat zur Folge, daß die Lunge stets mit einer ziemlich konstanten Luftmischung gefüllt ist, unabhängig davon, ob wir gerade einatmen oder nicht. An der Außenfläche der mit Luft gefüllten Bläschen fließt kontinuierlich Blut vorbei. Es vollendet gerade seinen Kreislauf durch den Körper, wobei es Sauerstoff aus der Lunge selbst zu den entferntesten Körperzellen transportiert hat. Die Zellen brauchen den Sauerstoff für die Verbrennung der Nährstoffe. Er verwandelt sich dabei zum Teil in ein giftiges Gas, das keine Sekunde länger als unbedingt nötig in unserem Körper bleiben sollte – Kohlendioxid. In jeder Sekunde entsteht ein Zehntel Liter davon – soviel wie eine Kaffeetasse faßt. Wie werden wir dieses Giftgas wieder los? Auf die einfachste, zuverlässigste und faszinierendste Weise: Jedes Gas hat nämlich die Eigenschaft, dorthin zu fließen, wo es in geringerer Konzentration vorhanden ist. Deshalb strömt das Giftgas durch die Wände der Zelle, in der es entstanden ist, hinein in das Blut, das sie umfließt. Gleichzeitig wandert Sauerstoff, den das Blut in hoher Konzentration herantransportiert hat, durch dieselben Wände hinein in die Zelle. Das Blut strömt weiter, nimmt auf dem ganzen Weg zurück zur Lunge Kohlendioxid auf und gibt Sauerstoff ab. Sobald es die Lungenbläschen erreicht hat, geschieht genau das Gegenteil: Nun dringt das Giftgas aus der Blutbahn in die frische Atemluft, während Sauerstoff ins Blut wandert.

In jeder Minute bildet sich im Körper ein Viertelliter dieses giftigen Kohlendioxids. In jeder Stunde sind das immerhin fünfzehn Liter – eine Menge, die zwei Eimer füllt. Täglich 360 Liter. Jeden Monat 10 800 Liter. In einem einzigen Jahr 129 600 Liter, in einem ganzen Leben mehr als neun Millionen Liter giftigen Gases.

Vermutlich haben Sie bis heute keinen Gedanken daran verschwendet, ob Sie selbst bewußt etwas dazu beitragen können, diese gewaltigen Mengen an – nennen wir es ruhig – Abgasen unseres Verbrennungsmotors möglichst rasch, unproblematisch und vollständig wieder loszuwerden. Denn schließlich wissen Sie doch: Das alles geschieht ohnedies ganz automatisch. Aber automatisch heißt nicht, daß wir auf den Transport der Atemgase keinen Einfluß haben.

Bei körperlichen Anstrengungen kann sich der Sauerstoffverbrauch schnell verzehnfachen. Dabei erhöht sich die Atemfrequenz auf bis zu 50mal in der Minute. Statt drei zehntel Liter Sauerstoff sind es dann vielleicht drei Liter, die zu Kohlendioxid werden. Es ist nicht nur das Bedürfnis des Körpers nach frischer Luft, das zu schnellerer Atmung veranlaßt, sondern auch die zunehmende Vergiftung des Blutes durch Kohlendioxid. Giftsensoren in den Wänden der Aorta und der Halsschlagader registrieren diese Konzentration im Blut ebenso wie sogenannte Atemzentren. Sie alle regulieren unser Atemtempo. Wir atmen immer so häufig aus, daß der Gehalt an Kohlendioxid (es verwandelt sich im Blut mit Wasser zu Kohlensäure) möglichst gleich bleibt. Wenn wir uns körperlich übernehmen, das heißt, wenn mehr Giftgase entstehen, als wir ausatmen können, stoppt der Körper ganz von alleine die kräfteraubenden Funktionen, die zu der Vergiftung führen. Wir können nicht mehr, wir halten an, wir legen eine Pause ein, wir müssen verschnaufen. Diese Atemnot drängt uns genaugenommen zum Aus-, nicht zum Einatmen. Jeder trainierte Bergsteiger atmet zweimal hintereinander aus – einmal ganz normal, dann zusätzlich kurz und kräftig noch einmal. Machen Sie sich also künftig bewußt, daß das Ausatmen wichtiger ist als das Einatmen. Die alten Inder haben das bei ihren Yoga-Techniken bereits berücksichtigt.

Etwa bis zum zehnten Lebensjahr funktioniert die Atmungsautomatik auch bei uns hundertprozentig. Dann setzen bei den meisten einige Entwicklungen ein, die diese Abläufe nach und nach beeinträchtigen. Es beginnt mit Verkrampfungen, Fehlhaltung und Bewegungsmangel. Je weniger wir uns bewegen, desto unnatürlicher wird unsere Atemtechnik. Menschen, die sich regelmäßig körperlich betätigen, atmen meistens richtig – mit dem Bauch, wie es Neugeborene tun. Kinder gehen, wenn die Kleider sie einzuschnüren beginnen, langsam zur Brustatmung über, als würden sie auf das Kommando hören: »Brust heraus, Bauch hinein.« Leider führt dies zu einer ungesunden Atemtechnik. Denn bei der Brustatmung wird nur ein Teil der Lunge mit frischer Luft gefüllt. Und wenn, wie bei vielen älteren Menschen, die Beweglichkeit des Brustkorbes auch noch eingeschränkt ist, kann eine derart flache, oberflächliche Atmung den Sauerstoffhunger des Körpers nicht stillen. Außerdem fehlt bei dieser Atemtechnik die Massage der Bauchorgane durch das Zwerchfell. Denn beim Luftholen per

Bauch wird das Zwerchfell von den sich füllenden Lungen nach unten gedrückt. Beim Ausatmen ziehen die gleichen Muskeln es wieder bis unter die Lunge. Diese Organmassage fördert nicht nur die Durchblutung der Bauchorgane, sie kann sogar zur Heilung von Organschäden beitragen.

Wollte man einen Durchschnittswert für die normalerweise innerhalb von 24 Stunden eingeatmete Luftmenge ermitteln, so käme man auf 13 000 Liter. Bei solchen Größenordnungen bewirken schon geringfügige Verbesserungen der Atemtechnik Gewaltiges. Wenden Sie zum Beispiel diesen Trick indischer Yogis an: Weiten Sie beim Einatmen Ihre Nasenflügel mit Hilfe der dafür vorgesehenen Muskeln. So vergrößern Sie nicht nur die Menge der Atemluft. Sie lösen auch im gesamten Atmungsapparat bis hinunter zum Zwerchfell einen ganz bestimmten Mechanismus aus, der die Atemluft förmlich in den Körper »holt«.

Dieses aktive Einatmen, dieses Öffnen zur Umwelt, beantwortet der Körper unbewußt mit aktivem Ausatmen, darauf kommt es an. Denn je mehr Sauerstoff Sie in Ihr Blut pumpen, desto mehr Kohlendioxid werden Sie umgekehrt wieder los. Allein das Weiten der Nasenflügel beim Einatmen (beim Ausatmen entspannen Sie sie wieder) holt im Laufe eines Jahres 500 000 Liter Atemluft zusätzlich in Ihren Körper – mindestens.

Das Ergebnis könnte noch besser sein, wenn Sie dem Entgiftungsapparat Ihrer Atemwege wenigstens ein Minimum an Pflege zukommen lassen. Das fängt mit dem Atmen durch die Nase an. Nur so und nur dort wird die Luft mit Wasserdampf befeuchtet, was später der Lunge die Aufgabe wesentlich erleichtert. Normalerweise reinigen die Atemwege sich selbst. Sie sind dafür mit einem schützenden Schleim ausgekleidet. Der Mangel an Vitamin A und Vitamin D würde dessen Abwehrkräfte stark herabsetzen. Achten Sie deshalb besonders in den sonnenarmen Monaten von Oktober bis April auf ausgewogene Ernährung. Milch, zum Beispiel, leistet hier einen wertvollen Beitrag.

Die Schleimhäute besitzen zahllose winzige Flimmerhärchen. Das sind die Putzkolonnen der Atemwege. Sie fangen Schmutzpartikelchen, Staub, Krankheitskeime und andere Fremdkörper ab, kleben sie fest und transportieren sie in mühsamen Wellenbewegungen in Richtung Rachenraum. Immerhin erreichen sie ein Arbeitstempo von zehn bis fünfzehn Zentimetern in der Stunde. Raucher werden feststellen, daß sie dauernd etwas im Hals kratzt. Zigarettenrauch lähmt die Aktivität der Flimmerhärchen erheblich. Das hat zur Folge, daß Fremdkörper sich einnisten. Sie werden nicht mehr in den Rachenraum transportiert, wo sie durch einen Nies- oder Hustenreiz an die Luft befördert werden können. Genauso zweckdienlich können die Verunreinigungen vom Magen absorbiert werden. Er ist darauf vorbereitet, mit seiner Säure Krankheitsbakterien abzutöten. Dennoch sollten Sie jede Infektion, jede Entzündung der Atemwege ernst nehmen und vollständig ausheilen. Wie, lesen Sie später in dem Kapitel: Entgiften durch die Natur.

Frische, feuchte Luft, besonders an den Stränden der Ost- und Nordsee, erleichtert die natürliche Reinigung der Atemwege. Mit heißen Getränken erzielen Sie einen ähnlichen Effekt. Die Wärme verstärkt die Durchblutung. Einreibungen der Brust und des Rükkens mit ätherischen Ölen helfen dort, wo Sie die Öle einmassieren, und in der Nase, wo ihre Wohlgerüche zu tiefer Atmung anregen.

Vermutlich war es noch nie so notwendig wie heute, die Reinigung unserer Atemwege zu unterstützen. Denn ihre Schleimhäute sind es – denken Sie nur an die 13 000 Liter Luft, die wir täglich einatmen –, die von der Spitze unserer Nase bis in das letzte Bläschen unserer Lunge am ausdauerndsten im Einsatz gegen Umweltgifte stehen. Es raubt einem beinahe den Atem, sich bewußt zu machen, wogegen die Schleimhäute einen Abwehrkampf führen: Jedes Staubkörnchen, jedes Blütenstäubchen, jedes Schmutzpartikelchen, jeder Krankheitskeim muß beseitigt, unschädlich gemacht werden, ganz zu schweigen von all den chemischen Verbindungen, die aus unserem Leben nicht mehr wegzudenken sind. Wußten Sie zum Beispiel, daß der äußerst kritisch beurteilte Wirkstoff Formaldehyd sogar bei der Herstellung von Arzneimitteln eingesetzt wird? Und zwar nicht nur bei einigen wenigen – nein, in sage und schreibe dreihundertsechsundfünfzig Medikamenten für Menschen und in dreiundfünfzig Tierarzneien ist in der Bundesrepublik Deutschland Formaldehyd enthalten. Zwar hieß es in einer Antwort auf eine parlamentarische Anfrage, die Einnahme solcher Medikamente sei nur »mit geringen Risiken« verbunden. Aber es wird eingeräumt, daß die hohe Wirksamkeit dieses Mittels sich nicht nur gegen körperfremde Mikroorganismen richtet, sondern auch gegen die körpereigenen Schleimhäute. Und Formaldehyd ist nur eine der vielen chemischen Verbindungen in unserer Umwelt. Nur die Wirkung von etwa 5000 solcher Wirkstoffe auf den Menschen ist erforscht und – wir hoffen es zumindest – weitgehend bekannt.

Beobachten wir einmal den Schaden, den eine minimale, noch unbedenkliche lokale Vergiftung einer Schleimhautpartie in den feinsten Luftröhren der Lunge, den Bronchien und Bronchiolen, anrichtet:

Wenn die eingeatmete Luft einen Fremdstoff enthält, der die Schleimhäute zu stark reizt, können die haarfeinen Luftröhren anschwellen. Im gesunden Zustand sind diese Röhrchen einen Viertel Millimeter dick. Die beiden Membranen, die die Atemluft auf der einen Seite und das Blut im Netzwerk der Kapillaren auf der anderen Seite voneinander trennen, sind gar nur 0,5 Mikrometer dick, das ist ein Fünfhundertstel eines Millimeters. Wenn es hier nun zu Schleimhautschwellungen, zu einer verstärkten Absonderung von

Schleim und zu einer Übererregung der winzigen Muskulatur in den Wänden der Bronchien kommt, verengen sich diese Luftröhrchen. Die Behinderung, die beim Einatmen nur unangenehm ist, hat beim Ausatmen jedoch ernste Folgen: Wenn das zur Lunge zurückfließende verbrauchte Blut seine Kohlensäure nicht schnell und ohne Unterbrechung los wird, steigt der Giftspiegel im Blut an, und der Betroffene ringt nach Luft. Sie werden im nächsten Kapitel lesen können, wie chronische Vergiftungen, zum Beispiel durch starkes Rauchen, sogar das Herz in Mitleidenschaft ziehen.

Ob die Schleimhäute gesund und die Atemwege offen sind, ermittelt der Arzt durch die Messung des sogenannten Strömungswiderstandes der Luft. Er läßt Sie, so fest Sie können, ein- und so schnell wie möglich ausatmen. Die in der ersten Sekunde ausgeatmete Luftmenge wird gemessen. Sind es zum Beispiel drei Liter, und Ihr normales Gesamtatemvolumen macht vier Liter aus, so beträgt Ihre Sekundenkapazität genau drei Viertel dieses Volumens – 75 Prozent. Das wäre ein beruhigendes Ergebnis. Sollte Ihr Wert jedoch erheblich niedriger sein, so ist die Atemarbeit erschwert und die Entlüftung der Lunge verlangsamt. Verlangsamt ist auch die Umwandlung von verbrauchtem in frisches Blut. Mit beträchtlichem Widerstand strömt Kohlendioxid in die verengten Luftwege der Lunge. Stellen Sie sich vor, daß diese giftigen Gasteilchen sich im Blut auch noch mit Abfallstoffen und Schlacken des Stoffwechsels binden und sie durch die hauchdünnen Membranen hindurch in die Ausatmungsluft führen – machen Sie sich dieses großartige Entgiftungsprinzip ganz bewußt, und Sie werden verstehen, warum die alten Inder die sogenannte Reinigungsatmung zur Perfektion führten. Sie handelten getreu der Überzeugung: »Der Atem erschließt die Summe aller im Universum vorhandenen Energien.« Zu ihrem Wissen gehörte ein wirklich verblüffendes

Verfahren zur Befreiung eines verstopften Nasenloches: Sie klemmten sich die Spitze eines Stockes unter die Achselhöhle der anderen Seite und preßten damit fest gegen einen Punkt, der sich dank seiner erhöhten Empfindlichkeit leicht finden läßt. Nach wenigen Sekunden ist das Nasenloch frei – und damit der Zugang frischer Atemluft zu der 70 bis 100 Quadratmeter großen Oberfläche der Lunge. Übrigens kann die Lunge außer dem giftigen Kohlendioxid noch andere Stoffwechselabfälle beseitigen – winzigste Substanzen, die von der verbrauchten Luft aus den Zellen ins Blut transportiert und über die Lungenbläschen ausgeschieden werden. Die gleichen Abfälle werden von den Nieren aus dem Blut gefiltert. Die Lunge ist hier eine Art Stellvertreter im Notfall.

Auf ähnliche Weise wird auch unsere Haut zum Entgiftungsorgan, wenn das Gift, das Leber und Galle nicht eliminieren können, das Blut überschwemmt. Neben ihrer Fähigkeit, sogar Gifte wie Cadmium und Arsen aufzusaugen und zu speichern, ist die Haut vor allem ein genial funktionierendes Transportsystem: Sie holt Licht und Luft herein und schwemmt Gifte hinaus. Manchmal erweitert sie ihre Gefäße, so daß die Röte des Blutes durch sie hindurchschimmert, manchmal verengt sie ihre Adern, so daß man die rote Farbe des Blutes nicht mehr sieht und die Haut bleich wird. Je mehr die Haut ausscheiden muß, um so größer ist die Leistung der Schweißdrüsen. Sie sind winzig, aber sie schaffen Tag für Tag einen ganzen Liter Absonderungen mit allen möglichen Substanzen in hoher Konzentration aus dem Körper. Diese zahllosen Kanäle sind nicht die einzigen Drüsen, die reinigen und entgiften. Alle Stoffwechselschlacken, Krankheitskeime und Umweltgifte, die in den Hauptblutkreislauf gelangen, treffen auf drei wichtige Drüsen: die Nebennieren, die Schilddrüse und die Hirnanhangdrüse. Alle drei werden von Giften zu Überaktivität angetrieben. Die Überaktivität äußert sich in Sekreten, die von diesen Drüsen abgesondert werden. Sie strömen direkt ins Blut. Man nennt diese Drüsen deshalb endokrin – nach dem griechischen Wort für Hineinfließen. Es sind höchst wirksame Stoffe, die von diesen Drüsen ins Blut geschüttet werden: Hormone, eine Art chemische Botschafter. In diesem Fall heißt ihre Botschaft an den Körper: Angriff! Gemessen an ihrer Winzigkeit ist die Wirksamkeit dieser Drüsen enorm. Die Schilddrüse, die größte von allen, wiegt keine 30 Gramm. Die Nebennieren haben die Größe einer Bohne. Die Hirnanhangdrüse ist etwa haselnußgroß. Jede von ihnen stellt ein eigenes Steuerungssystem dar. Wenn es um die Abwehr von Giften geht, ist die Hirnanhangdrüse die wichtigste. Ihre Blutgefäße sind mit empfindlichen Härchen ausgekleidet. Sie spüren Gifte im Blut als erste auf. Im Fall einer Vergiftung erteilt das Gehirn den anderen Drüsen lebensrettende Befehle. Die Nebennieren sind die Heizzentrale unseres Körpers. Sie entscheiden über Verbrennungsvorgänge in jeder einzelnen Zelle. Die Hormone der Hirnanhangdrüse veranlassen die Nebennieren, Schadstoffe des Blutes verstärkt zu den Nieren und in den Darm zu leiten. Die Schilddrüse ist unser Schrittmacher. Sie dirigiert sogar Herz und Gehirn. Wenn der Giftkrieg Notmaßnahmen erfordert, eliminiert die Schilddrüse Schadstoffe über die Schleimhäute und die Haut. Zustand und Leistungsfähigkeit entscheiden darüber, welche der einzelnen Drüsen am stärksten zur Entgiftung beiträgt. In einem gesunden Körper besteht ein Leistungsgleichgewicht zwischen allen Drüsen. Es ist immer eine Notlösung, wenn die eine oder andere Drüse die Hauptlast beim Bekämpfen und Ausscheiden von außer Kontrolle geratenen Giften tragen muß. Letztlich werden davon nicht nur die Drüsen, sondern auch die Ersatzwege geschädigt. Wir spüren von dieser Giftbekämpfung meistens nichts. Wir spüren erst etwas, wenn unsere Organe krank geworden sind.

Der Angriff der Gifte

Warum viele Krankheiten maskierte Vergiftungen sind – Wie die natürliche Widerstandskraft des Menschen allmählich erlahmt – Warum sogar Krebs mit einem kranken Darm beginnt – Warum Menschen, die sich ausweinen, besser dran sind – Warum das auffälligste Symptom einer Krankheit fast nie das einzige ist

Kilometer 10,4 am Nürburgring. Der rote Ferrari ist mit 250 Stundenkilometern auf der Strecke. Niki Lauda überholt rechts, links, den Briten Guy Edwards, den Amerikaner Brett Lunger, den Deutschen Harald Ertl und den Italiener Arturo Merzario. Der Weltmeister des Jahres 1975 hat die Rennstrecke mit den 33 Links- und 40 Rechtskurven eine Rennstrecke des Todes genannt. Er haßt sie. Aber er beherrscht sie – von allen Piloten der Formel 1 am besten.

Plötzlich, der Wagen ist auf einer Geraden nahe der linken Fahrbahnbegrenzung, reißt es das Fahrzeug scharf nach rechts. Das 500-PS-Geschoß prallt mit unverminderter Geschwindigkeit gegen eine Felswand. Wie im Zeitlupentempo wird es auf die Rennstrecke zurückgedreht. Flammen schießen heraus. Brett Lunger schlittert in seinem Surtees mit blockierenden Rädern in das, was einmal der Stolz des Hauses Ferrari war. Auch Harald Ertl kracht in das Wrack. Arturo Merzario kommt wenige Meter vor der Unfallstelle zum Stehen, springt aus seinem Wagen und rennt als erster auf die Flammen zu. Später wird er den Reportern erzählen: »Niki saß im Wagen und schrie. Aber wir kamen nicht an ihn heran. Wir mußten mit dem Feuerlöscher eine Gasse in die Flammen schlagen.«

Dies ist erst nach dem Eintreffen des ersten Strekkenwagens möglich. Es ist ein Porsche Carrera mit eingebauter Löschkanone und hundert Kilogramm Löschschaum. Eine weiße Wolke schießt in die Flammen, das rotlodernde Feuer wird zu pechschwarzem Rauch. Jetzt wagen sich Merzario, Edwards und der Brasilianer Emerson Fittipaldi an das Auto, zerren den Österreicher heraus und heben ihn hinter die Leitplanken.

Drei Minuten nach dem Unfall trifft ein Krankenwagen ein. Lauda liegt im Gras. Geschockt blickt er auf seine verbrannten Finger: Das klebrige Zeug an seinen Händen ist flüssiges Plastik – Reste der verbrannten und verschmorten Kunststoffverkleidung seines Wagens. Sein Sturzhelm liegt rauchgeschwärzt neben ihm. Das Visier ist weggeschmolzen. In orangefarbener Montur beugt sich ein Rennarzt über den Verunglückten. Was ihm auffällt, ist: Lauda atmet wie ein Asthmakranker. Aus Wunden an der Stirn und am rechten Ohr fließt Blut über sein Gesicht. »Was ist passiert?« sind die ersten Worte Laudas, seit er aus dem Wrack gehoben wurde.

Alle, die jetzt am Kilometer 10,4 versammelt sind, denken das gleiche: Daß Niki Lauda den Aufprall auf die Felswand überlebt hat, ist ein Glücksfall.

Dabei war dieser Aufprall nicht das Schlimmste an diesem schlimmen Unfall.

Vier Tage nach diesem unglücklichen 1. August 1976 wird in einem verdunkelten Büro der Ferrari-Direktion wieder und wieder ein Amateurfilm vorgeführt, der den Augenblick des Unfalls und die Minuten danach zeigt. Vom Ausbruch des Feuers an vergingen 28 Sekunden bis zum Eintreffen des Porsche Carrera mit der Löschkanone. Von da an dauerte es zwölf Sekunden, bis Niki Lauda in Sicherheit gebracht werden konnte. Daß er diese 40 Sekunden überlebt hat, ist ein Wunder.

Die Hitze des verbrennenden Benzins hat unauslöschliche Spuren im Gesicht und an den Händen des

Rennfahrers hinterlassen. Doch diese Verbrennungen waren für die Ärzte kein Problem. Lebensgefährlich war, was sich 40 Sekunden lang im Inneren seines Körpers abgespielt hat. Giftige Dämpfe der verschmorenden Kunststoffkarosserie haben seine beiden Lungenflügel verätzt.

Daß die Ärzte im richtigen Augenblick die richtigen Entscheidungen trafen, rettete das Leben des Rennfahrers. Die Ärzte des Krankenhauses in Adenau ließen den Verunglückten im Hubschrauber in eines der drei deutschen Verbrennungszentren, nach Ludwigshafen, fliegen. Hier wird als erstes der Sauerstoffgehalt des Blutes gemessen. Befund: Nur 65 Prozent, nicht einmal zwei Drittel der normalen Menge. Die vergiftete Lunge war wie verstopft und ließ zu wenig Sauerstoff ins Blut überströmen. Zwei Stunden später war Niki Lauda unterwegs zum dritten Krankenhaus – in die Intensivstation des Klinikums Mannheim. Die Diagnose ergab eine Reihe von Verletzungen: Brandwunden ersten bis dritten Grades (Laudas Haare sind alle verbrannt), Knochenbrüche (Kiefer und Jochbein), Blutergüsse und Prellungen. Aber nur eine Verletzung war lebensgefährlich: Die Verätzungen der Schleimhäute der Atemwege und der Lunge. Mit der Infusion von Aufbaupräparaten wurde einem Kreislaufzusammenbruch vorgebeugt und die Regenerierung der Lungenschleimhäute eingeleitet.

Achtzig Stunden nach dem Unfall verschlechterten sich die Werte. Die Eltern des Formel-1-Weltmeisters holten einen Priester an sein Bett. Aber am dritten Tag stieg der Sauerstoffwert des Blutes erstmals auf über siebzig an – der Patient war über den Berg. Er öffnete die Augen und verblüffte seine Frau Marlene mit der Frage: »Wo steht mein Flugzeug?« – die Maschine, mit der er an den Nürburgring geflogen war.

Zwei Zimmer neben dem 27jährigen Österreicher kämpften die Ärzte um das Leben eines 22jährigen Soldaten. Er war in einem brennenden Panzer eingeschlossen gewesen und hatte die gleichen Verätzungen der Lunge erlitten. Der junge Soldat hat nicht überlebt.

Es ist die Aufgabe der Schleimhäute im Inneren unseres Körpers, die Organe vor Gift zu schützen. Zum Beispiel die Lunge vor Nikotin, den Darm vor Verdauungsgasen. Die Atemwege vor Schadstoffen der Luft. Den Magen vor den Absonderungen aus Nase und Rachen. Schon in Urzeiten wurde angenommen, daß jedes Leiden nichts anderes sei als eine örtliche Vergiftung. Nur in primitiven Kulturen glaubten die Menschen, daß Krankheit ein Dämon sei, der vom Körper Besitz ergriffen habe. Auf der Felswand einer Höhle in den Pyrenäen finden wir die älteste uns erhaltene Darstellung eines Arztes. Es ist ein Hexer, ein Teufelsaustreiber, der im Fell eines Tieres steckt und einen eindrucksvollen Kopfschmuck aus Vogelfedern trägt. Die Höhlenzeichnung ist mehr als 17 000 Jahre alt. Die Ärzte des Altertums hielten nichts von diesem Zauber und befaßten sich lieber mit dem, was sie sehen konnten. Hippokrates (460–375 vor Christi) sprach von der »vis medicatrix naturae« – die Heilkraft der Natur, die aus dem Körper heraus wirkt. Seiner Lehre zufolge bestand jede Krankheit aus pathos – Leiden und ponos – Mühen. Getreu seiner Überzeugung, daß die Natur heilt und der Arzt nur behandelt, verordnete er Kranken Wärme und Ruhe, so daß ein erkranktes Organ seine schädliche Last loswerden und der Körper sich reinigen konnte. Im 17. Jahrhundert schrieb der Naturarzt Thomas Sydenham, genannt der »englische Hippokrates«: »Krankheit ist nichts anderes als ein Versuch der kranken Teile, sich selber von krankmachenden Stoffen zu befreien.« Und der holländische Kliniker Hermann Boerhave vertrat die Auffassung: »Heilung ist Neutralisierung und Ausscheidung giftiger Substanzen.« Selbst der große Rudolf Virchow, der die Vorgänge in der einzelnen Zelle erforscht hat, baute auf der so simpel klingenden These des Hippokrates auf: »Wenn ich mein Leben noch einmal leben könnte, würde ich es der Aufgabe widmen, zu beweisen, daß Krankheitskeime viel wahrscheinlicher krankes Gewebe suchen, als gesundes Gewebe krank zu machen. Wie auch Moskitos abgestandenes Wasser suchen, aber nicht die Ursache abgestandenen Wassers sind.«

Inzwischen gibt es eine Reihe von Hinweisen darauf, daß viele Krankheiten den Kampf unserer Organe gegen Gifte widerspiegeln – sowohl, wenn sie diesen Kampf gewinnen, als auch wenn sie ihn verlieren. Den Giften, die den Menschen schaden, widmet sich ein ganzer Forschungszweig, die Homotoxinlehre. Wobei unter den Begriff Gift jeder Wirkstoff fällt, der ein Leiden auslöst oder erzeugt. Der (noch) gesunde Körper bekämpft diese krankmachenden Substanzen, indem er sie neutralisiert oder ausscheidet. Jede Entzündung ist zum Beispiel der Hinweis auf eine derartige Auseinandersetzung. Homotoxine finden sich tagtäglich in allen Ausscheidungen, selbst im Schweiß.

Werden nicht alle Gifte unschädlich gemacht oder ausgeschieden, lagern sie sich ab. Dafür kommen vor allem die menschlichen Fettzellen, aber auch Kampforgane des Körpers wie zum Beispiel die Rachenmandeln in Frage. Ablagern heißt jedoch nicht, daß die Gifte aufhören, wirksam zu sein. Unser Organismus besteht aus Hunderten Billionen Zellen, und über die Blutbahnen sind alle Zellverbände miteinander verbunden, gesunde wie kranke. Gifte sind hochaktive Substanzen. Nach der Homotoxinlehre läßt sich ihr Angriff in sechs Phasen gliedern. Die ersten beiden sind Ausscheidungsphasen: Der Körper kann sich der Substanzen noch entledigen, notfalls in Form von Eiter. Die dritte Phase ist der Ablagerungsabschnitt. Die ersten Gifte setzen sich fest. Angina, Migräne, Neuralgie und Rheuma sind Warnzeichen, die diesen Zustand häufig begleiten. Aber noch können die Selbstheilkräfte des Körpers das Leiden beenden. Unterliegen sie jedoch, dringen die Gifte tief in die Zellen ein. Wie zum Beispiel das Seveso-Gift Dioxin seine verheerende Wirkung ausübt, haben Wissenschaftler des Departments für biomedizinische Chemie des College of Pharmacy der Universität von Nebraska in Omaha erst im Sommer 1983, sieben Jahre nach der Seveso-Katastrophe, erklären können. Das Dioxin verwandelt sich im Organismus in besonders reaktionsfreudige Teilchen – in der Sprache der Experten »freie Radikale« genannt. Sie dringen in die Membranen der betroffenen Zellen ein, machen sie undicht und schädigen sie. Das ist das Todesurteil jeder Zelle: Sie stirbt ab. Die freien Radikalen überleben die Attacke und greifen die nächste Zelle an – und so weiter. Die verheerende Reaktionsfreudigkeit des Dioxins erklärt auch, warum dieses Gift, und vermutlich andere ebenfalls, nicht ein Organ bevorzugt, sondern den Körper in jeder Zelle schädigen kann. Nur der erste Angriff des Dioxins richtet sich meistens gegen die Leber und ihre Fettzellen. Mit dem Zerstören der Zellmembrane ist nach der Homotoxinlehre Phase vier erreicht, der Rückvergiftungsabschnitt. In der nächsten Stufe verändert sich das Gewebe krankhaft. Zuletzt ist der Entgiftungsmechanismus so blockiert, daß entartetes Gewebe entstehen kann: Krebs.

Gegen Dioxin gibt es kein Gegengift: Gegen die natürlichen Gifte aber kann der Arzt mit Hilfe von Giftreizen die Immunkraft der Organe stärken, zum Beispiel durch Schutzimpfungen. So konnten gegen die Erreger, die Pocken auslösen, diese Art von Vergiftung ausgerottet werden. Durch solche Abwehrstrategien werden im Organismus Antikörper gebildet, und die Ausscheidungstätigkeit von Darm, Nieren, Haut und Atemwegen wird erhöht. Wenn es hier zu lokalen Entzündungen der Schleimhäute kommt, zeigt dies nur, daß die Entgiftung funktioniert. Andererseits fällt die Bildung von Gallen- und Nierensteinen bereits in die Ablagerungsphase: Sie bestehen aus schädlichen

Substanzen, die der Körper nicht losgeworden ist. Selbst das Herz kann sich unter dem Einfluß von Giften entzünden oder degenerieren.

Wie es scheint, erlahmen allmählich die natürlichen Widerstandskräfte des Menschen gegen die Belastung seiner Umwelt. 1975 haben Ärzte in der Bundesrepublik nur bei 18 von 100 Patienten die Erkrankung lebenswichtiger Funktionen oder lebenswichtiger Organe festgestellt. Zehn Jahre später, 1985, ist dieser Prozentsatz bereits auf 30 angestiegen. Das heißt: Beinahe jeder dritte Kranke hat einen lebensbedrohenden Organdefekt. Es ist zu befürchten, daß diese Entwicklung ziemlich genau die Bedrohung unserer Gesundheit durch immer gefährlicher und immer zahlreicher werdende Gifte widerspiegelt. Daß dies vielen Menschen nicht bewußt ist, liegt an den Maskierungen, mit denen uns Vergiftungen begegnen (an jenem Augustsonntag des Jahres 1976 lautete die Unglücksnachricht vom Nürburgring ja auch nicht: Niki Lauda vergiftet!).

Die Atemwege von den Nasenlöchern bis in die Lunge und der Nahrungstrakt vom Mund bis zum Dickdarm sind die ersten Bastionen, an denen im Idealfall die krankmachenden Attacken gegen unseren Körper scheitern. Mit jedem Atemzug, mit jedem Bissen dringen auch Gifte in unseren Körper ein. Von der Arbeit der Schleimhäute hängt es ab, ob diese Gifte neutralisiert und ausgeschieden werden oder ob es ihnen gelingt, in den Organismus einzudringen.

Der Verdauungstrakt ist mit einem hochwirksamen Filter ausgestattet, der beim gesunden Menschen und bei richtiger Ernährung hauptsächlich Nährstoffe ins Blut abgibt. Umweltgifte und Stoffwechselabfälle werden abgewehrt. Entzündungen der Schleimhäute in Magen und Darm zeigen, daß die erste Abwehrfront den Giften unterlegen ist.

Der Darm leidet besonders unter zuviel Fleisch auf unseren Tellern. Denn beim Spalten und Zerlegen und

Verwerten von Eiweißnahrung entstehen um so mehr Gärstoffe und Fäulnisgifte, je länger die Verdauung dauert. Hormone, Antibiotika, Konservierungsstoffe und Umweltschadstoffe, die sich in vielen Fleischsorten heute massiert befinden, erschweren die Arbeit. Die Gefahr wächst, daß Gifte die Schleimhäute überwinden und in den übrigen Körper eindringen können. Es ist ein doppelter Schlag gegen unsere Gesundheit. Denn ein Darm, der so geschwächt ist, daß er Gifte nicht zurückhalten kann, ist auch nicht mehr imstande, alle Nährstoffe der Nahrung herauszufiltern.

Schon jetzt hat der Betroffene zahlreiche Beschwerden. Er leidet an Durchfall oder Verstopfung – je nachdem, ob der Körper mit einer Notmaßnahme die Gifte ausscheidet oder sie am weiteren Vordringen im geschwächten Darm hindert. Verstärkte Gasbildung und lähmende Appetitlosigkeit beeinträchtigen die Stimmung. Vom Darm nicht mehr unschädlich gemacht, erreichen die Gifte gemeinsam mit den Nährstoffen die Leber. Hier wird das Blut gefiltert und gereinigt, ehe es zum Herzen weiterfließt und von dort zur Lunge zurückkehrt. Die von der Leber herausgefilterten Gifte werden neutralisiert, unschädlich gemacht und über eine Direktleitung zum Darm zurückgeführt – der kürzeste Weg, sie auszuscheiden. So ist es bei einem gesunden Menschen. Beim Kranken schafft die Leber ihre Arbeit nicht zur Gänze. Nahrungs- und Bakteriengifte, Krankheitserreger und Stoffwechselschlacken bleiben im Blut. Auch die Absonderungen der Leber sind alles andere als entgiftet und richten im Darm Schaden an. Kopfschmerzen und Durchblutungsstörungen begleiten diese Attacken. Jeder Internist kennt die bedrückenden Empfindungen, die eigentlich aus der Giftküche Darm stammen. Aber noch ist die Abwehrschlacht nicht verloren. Es gibt eine dritte Verteidigungschance.

Die aus der Kontrolle der Schleimhäute geratenen

und von der Leber nicht neutralisierten Gifte erreichen den Hauptblutkreislauf. Er führt sie zu den drei endokrinen Drüsen, die einen neuerlichen Vernichtungsversuch starten: die Nebennieren, die Schilddrüse und die Hirnanhangdrüse. Sie sondern Wirkstoffe im Blut ab, eine Art chemischer Botschafter, die den einzelnen Organen lebensrettende Befehle übermitteln. Ihre Kampfmaßnahmen tragen alle die Symptome bestimmter Leiden. Ob Akne oder Blinddarmreizung, Diarrhöe oder Epilepsie, Fieber oder Gallenanfall, Heuschnupfen oder Immunschwäche, Krebs oder Leberentzündung, Magenleiden oder Nierenkolik, Ohrensausen oder Psoriasis, Rachitis oder Schnupfen, Tuberkulose oder Ulcus, Vitaminmangel, Wassersucht oder Zuckerkrankheit – jede dieser Krankheiten kann Hinweis auf verstärkte Abwehrmaßnahmen gegen Gifte sein.

Vieles spricht dafür, daß auch Weinen dazu zählt. Tränen trösten, das ist unumstritten. Vermutlich schaffen sie sogar schädliche Substanzen aus dem Körper, entgiften ihn. Nicht ohne Grund verwenden wir den Ausdruck »sich ausweinen«.

Psychologen des Sir-Paul-Ramsey-Medical-Center in Washington wollten es genau wissen. Sie überredeten 286 Frauen und 45 Männer, alle frei von psychiatrischen Leiden, zu einer wissenschaftlichen Tränenprüfung. Ihre erste Aufgabe bestand darin, in den folgenden dreißig Tagen zu notieren, ob, wann, warum und wie lange bei ihnen die Tränen flossen. Dabei blieben 45 Prozent der Männer »mannhaft«, sie weinten nicht. Bei den Frauen waren es nur sechs Prozent. Die übrigen Frauen kamen im Durchschnitt auf 5,3 Weinperioden. Die Männer meldeten lediglich 1,4 derartiger Gefühlsbewegungen – die meisten noch dazu ohne Tränenfluß, sondern nur mit Wasser in den Augen.

Die Gründe ihrer Befreiung durch Tränen waren vielfältiger Natur: Ärger, Schmerz, Angst, aber auch

Freude, Sympathie. Es gab auch so profane Auslöser wie das Zwiebelschneiden. Am häufigsten geweint wurde zwischen 19 und 23 Uhr. Jeder zehnte weinte allein.

Das war schon interessant genug. Aber noch interessanter war die Frage: Was sind Tränen eigentlich? Nun ging das Psychologenteam daran, Tränen nicht nur zu registrieren, sondern sie aufzufangen und zu untersuchen. Die Probanden wurden drei Minuten lang dem Aroma frisch geschnittener Zwiebeln ausgesetzt und mußten die unvermeidlich fließenden Tränen mit Hilfe eines Reagenzglases am Unterlid auffangen. Die Tränenflüssigkeit wurde bis zur Analyse sofort bei minus 20 Grad eingefroren. Danach erhielten die Weinwilligen die Aufgabe, sich traurige Filme anzusehen. Wieder wurden ihre Tränen gesammelt. Nun begannen die Wissenschaftler mit den Analysen. Es zeigte sich, daß Zwiebeltränen und die Kummertränen unterschiedlicher Zusammensetzung waren. Die Eiweißkonzentration der emotionellen Absonderung war zum Beispiel um 24 Prozent höher. Beide Tränenarten enthielten sehr viel Mangan, außerdem Adrenalin, Noradrenalin, Beta-Endorphine und eine Reihe weiterer Streßhormone. Der Leiter des Teams, Dr. William H. Frey, hat keine Zweifel, daß emotionelles Weinen ein Ausscheidungsprozeß ist, der wie Ausatmung, Wasserlassen, Stuhlgang und Schwitzen chemische Substanzen aus dem Körper schafft und dadurch Erleichterung bringt. Außer Eiweißstoffen und Manganverbindungen enthält die Tränenflüssigkeit noch Lipide, also Fette, sowie Calciumphosphat und Calciumcarbonat. Auch Medikamentenrückstände werden in unseren Tränen beseitigt. Noch ist nicht klar, was genau die Körpersysteme bezwecken, wenn sie diese Stoffe ausscheiden, und was sie damit erreichen. Aber eines wissen wir bereits: Nichts in unserem Körper geschieht ohne Sinn. Und sobald es um die Entfernung von Abfällen, Schlacken und anderen Stoffwechselprodukten geht, kommt es selbst auf geringste Mengen an. Sogar, wie wir sehen, auf jede einzelne Träne ...

Seit dem Jahre 1949 kennt die Wissenschaft die Symptome der sogenannten familiären Dysautonomie. Man beobachtet diese Krankheit vor allem an Kindern, die nicht weinen können. Schon leichte Angstzustände treiben ihnen den Schweiß aus allen Poren, jagen den Blutdruck hoch und lassen Speichel aus ihrem Munde fließen. Dr. William Frey hat sich in wissenschaftlichen Veröffentlichungen dafür eingesetzt, daß die Menschen ihre Tränen ungehemmter fließen lassen. »Die Gesellschaft«, sagt er, »hat die Männer dazu erzogen, nicht zu weinen. Dafür bezahlen sie einen hohen Preis. Sie stehen stärker als die Frauen unter dem Einfluß von Streßhormonen, und sie sterben früher.«

Selbst wenn wir seinen Thesen nicht so weit folgen wollen, müssen wir zugeben, daß manche Vorgänge der Ver- und Entgiftung unserer Organe noch voller Rätsel sind. Allerdings bilden sich immer mehr Wissenschaftler eine eigene, oft eigenwillige Meinung. So glaubt der amerikanische Internist und Ernährungsforscher Dr. Henry G. Bieler fest daran, daß jede Schwangerschaft von einer radikalen Entgiftung des weiblichen Körpers begleitet wird. Er erklärt dies so: Erst einmal stellt sich der Organismus einer werdenden Mutter die Aufgabe, aus allen möglichen Depots im Körper die dort gelagerten Abfälle, Schlacken und Gifte freizusetzen, zu neutralisieren und auszuscheiden. So soll der weibliche Körper in einen giftfreien Nährboden für das neue Leben rückverwandelt werden. Vielleicht hat Dr. Bieler recht. Die Begleiterscheinungen mancher Schwangerschaft tragen durchaus die Symptome von Vergiftung und Entgiftung: Erbrechen, Übelkeit, Kopfschmerzen, Appetitlosigkeit, Nervosität, Depressionen, Müdigkeit und Verdauungsstörungen. Sind sie einmal überwunden – Dr. Bieler würde sagen: Sind die Gifte alle beseitigt –, erlebt jede werdende Mutter, daß Schwangerschaft auch schön macht. Schönheit von innen – das ist ebenfalls Entgiftung.

Dr. Bieler ist außerdem der Meinung, daß auch die Monatsregel der Frau Abfälle aus dem Körper schafft, und zwar nicht nur die Eiweißschlacken von der Wunde in der Gebärmutter, sondern daß sie auch die Ableitung weiterer Stoffwechselprodukte übernimmt. Und vielleicht werden wir eines Tages zur Kenntnis nehmen müssen, daß der Körper des Mannes unter den Umweltgiften stärker zu leiden hat, weil ihm diese Möglichkeit, sie auszuscheiden, fehlt. Wenn an dieser These etwas dran ist, dann hätten wir auch eine weitere Erklärung für die organischen Probleme, die der Frau durch die Menopause entstehen: Ihr Körper, der auf einen erprobten Weg, sich von Giften zu befreien, verzichten muß, ist anfälliger für Krankheiten, zum Beispiel Adernverkalkung und Knochenerweichungen, vor denen er zuvor geschützt war.

Vieles spricht für derartige Thesen: Die Vielzahl von Schadstoffen in unserem Körper erfordert auch eine Vielzahl von Ableitungen. Es geht dabei erst einmal nicht um fremde Gifte, sondern Abfälle des Stoffwechsels: Stickstoffe aus dem Abbau von Eiweiß, Gewebeteilchen aus absterbenden Zellen, Absonderungen aus Wunden und Verletzungen. Ferner Bakteriengifte aus hartnäckigen und andauernden Entzündungsherden überall im Körper – manche spüren wir jahrzehntelang gar nicht. Häufig sind das entzündete Hohlräume im Bereich des Kiefers, der Nase und der Stirn, sich zersetzende Mandeln oder absterbende Zähne. Jeder tote Zahn im Kiefer entwickelt Zersetzungsgifte, die wie alle anderen Schadstoffe auch, über das Blut und die Lymphbahnen überall im Körper Unheil anrichten können – wenn die Entgiftungsmechanismen versagen. Gerade diese, dem Leichengift ähnlichen Zersetzungsstoffe in unserem Organsystem werden in ihrer

Gefährlichkeit unterschätzt. Dabei sind selbst winzige Mengen bereits hochwirksam. Vermutlich sind sie nicht weniger bedrohlich als die modernen Gifte unserer Umwelt, von denen wir noch so wenig wissen – in der Nahrung, in der Luft, im Wasser, in den eigenen vier Wänden.

Unter dem Ansturm der Umweltbelastungen haben sich in den letzten zwei Jahrzehnten die Krankheitsfälle der Nieren dramatisch vervielfacht. Aus der Untersuchung dessen, was die Nieren ausscheiden, stellen Ärzte ihre Diagnosen. In früheren Generationen haben Naturheiler mit dem Harn den Zustand des ganzen Körpers beurteilt. Heute beherrschen hierzulande diese Kunst nur noch ganz wenige. Einer von ihnen, der für seine treffsicheren Harndiagnosen in ganz Europa berühmte »Kräuterdoktor« Hans Neuner aus Tirol sagt: »Der Körper funktioniert wie ein Ofen: Man beheizt ihn mit verschiedenen Brennmaterialien, und was als Asche übrigbleibt, läßt diese Brennstoffe immer noch erkennen. Wird ein Holzofen mit Kohle beheizt, zerspringt seine Innenverkleidung. Am dunklen Ruß wird man erkennen, daß ein Fehler gemacht wurde. Beim menschlichen Körper ist es das gleiche. Am Harn erkennt man, wovon er sich ernährt, und erkundet dann, wie stark eine falsche Ernährung den Körper bereits geschädigt hat. Ist der Harn zu dunkel, dann liegt eine organische Erkrankung vor. Gallenstoffe verfärben ihn braunrot. Zu heller Harn weist auf ein seelisches Leiden hin. Aber auch ein Diabetiker oder ein Drüsenkranker wird hellen, fast farblosen Harn produzieren. Und es ist nicht nur die Farbe, die verrät, wie gesund oder krank der Betreffende ist: Trübungen weisen auf Erkrankungen der Harnwege oder Übersäuerung hin. Absonderungen lassen auf Nierensteine oder auf Rheuma schließen. Steigen Verunreinigungen im geschüttelten Harn nach oben, dann ist vermutlich eine Erkrankung im Kopf mit im Spiel. Wolkenformationen aus Tausenden schwebender Partikel verraten eine Verkühlung oder eine Schleimhautentzündung. Aus dem Schaum kann ich ersehen, ob es sich um ein chronisches oder akutes Leiden handelt. Fehlt die Farbe des Harns ganz, dann haben wir es meistens mit einer toxischen Belastung der Haut zu tun.«

Die Hinweise aus dem Urinfläschchen könnten vermutlich Leben retten. Gerade die ersten Warnzeichen auf Organschäden sind heute von großer Bedeutung. Daß diese Warnsignale weitgehend übersehen werden, auch von Ärzten, geht aus einer Analyse der American Heart Association hervor. Diese Gesellschaft zur Erforschung und Verhütung von Herzkrankheiten vertritt die Auffassung: »Fast jede Art von Herz- und Kreislauferkrankungen fängt mit geschädigten Nieren an. Jeder zweite Herztote ist eigentlich das Opfer seiner Nieren.«

Erschwert wird die Deutung erster Hinweise durch die Tatsache, daß neue Schadstoffe neue Krankheiten verursachen. Viele Eltern mußten sich in den letzten Monaten mit den Symptomen einer Atemwegserkrankung vertraut machen, die wie über Nacht zum Symbol der Bedrohung unserer Gesundheit durch Umweltverschmutzung wurde: Pseudo-Krupp. Dieses Leiden besteht aus Würgehusten-Anfällen, meist in den frühen Nachtstunden. Fast immer wird der Pseudo-Krupp in Rückenlage ausgelöst: Luftwege und Kehlkopf schwellen an, das Kind hustet bellend und keuchend – ein Bild des Jammers. Die Erstickungsanfälle sind nicht lebensgefährlich. Doch das Krankheitsbild ist alarmierend, und die Erregung der Eltern vergrößert oft die Angstzustände der Kinder. Staub, Rauch und andere Verunreinigungen der Atemluft werden für den Pseudo-Krupp verantwortlich gemacht. Meist klingen die Anfälle von alleine wieder ab, doch die Angst vor dem nächsten bleibt.

Ungewißheit und Unwissenheit verunsichern gleichermaßen. Die meisten Vergiftungen durch Schadstoffe der Umwelt erreichen keinen akuten Höhepunkt, sondern münden in eine chronische Belastung. Sie äußern sich durch Allerweltsbeschwerden, die ganz andere Ursachen haben können. Oft ist auch der Arzt nicht imstande, ohne aufwendige Analysen auf Vergiftung zu schließen. Aber inzwischen hat jede Praxis bedauerlicherweise einschlägige Erfahrungen sammeln können. Und die Gefahren steigen, daß selbst dann Umweltbelastungen schuld sind, wenn sie sich etwa durch Gewichtsverlust, in Form von Halsschmerzen oder als Nervenleiden äußern.

Die häufigste Reaktion auf einen zu starken Reiz ist die Allergie. Geprägt wurde dieser Begriff im Jahre 1906 von dem österreichischen Kinderarzt Dr. Clemens von Pirquet. Aber als Phänomen bekannt ist sie seit Jahrtausenden. Schon die alten Griechen kannten derartige Reaktionen, und zwar vorwiegend auf den Genuß von Schalentieren. Und in den Aufzeichnungen des römischen Schriftstellers Lucretius finden wir den heute so modernen Satz: »Des einen Fleisch, des anderen Gift.« Jede Allergie ist die Antwort des Körpers auf irgendeine Substanz, die bei dem einen Reaktionen auslöst und bei dem anderen nicht. Wohlgemerkt: Es handelt sich um ganz normale ungiftige Substanzen. Blütenpollen zum Beispiel. Die Erforschung dieser Reaktion des Körpers auf einen überstarken Reiz wurde erst Anfang unseres Jahrhunderts in Angriff genommen. Schnell rückte bei diesem Leiden die Nahrung als krankmachender Faktor in den Mittelpunkt des Interesses. Das erste ganz gewöhnliche Lebensmittel, das 1912 eindeutig als Auslöser einer Allergie an einem New Yorker Mädchen ermittelt worden ist, war ein Frühstücksei. Aber die Verteufelung eines landwirtschaftlichen Produkts stieß bei den amerikanischen Bauern auf heftigste Gegnerschaft und wurde zum Politikum, so daß die Allergologen sich lieber mit von der Natur verursachten Auslösern wie Pollen, Schimmelpilzen, Staub und tierischem Hautschub abgaben. Aber in den vierziger

Jahren war es durch toxische Chemikalien zu Luftverschmutzungen – kurz Smog genannt – in England von bisher nicht gekannter Intensität gekommen und hat Hunderten von Menschen das Leben gekostet. Und 1951 war es dann klinisch erwiesen, daß zunehmend chemische Stoffe für eine Vielzahl von körperlichen und psychischen Leiden verantwortlich oder mitverantwortlich sind. Das Erschreckende daran war die Erkenntnis, daß es hauptsächlich die ganz alltäglichen, scheinbar harmlosen Stoffe waren, mit denen die Menschen zu Hause und am Arbeitsplatz lebten. Zehn Jahre später rüttelte die amerikanische Autorin Rachel Carson mit ihrem Buch »Der stumme Frühling« über die verheerenden Folgen chemischer Schädlingsbekämpfungsmittel die westliche Welt wach. Immer deutlicher wurden die Zusammenhänge zwischen belastenden Umweltfaktoren und massenweise auftretenden Krankheiten. Aber in den meisten Fällen war es für den Arzt wie für den Kranken zu aufwendig und zu zeitraubend, exakt zu ermitteln, welcher Faktor krankmachend ist, und wann das Ausmaß einer Überbelastung vorliegt. Denn jede gesellschaftliche, wirtschaftliche oder politische Gruppierung wie die Chemie, die Autoindustrie oder die Landwirtschaft wehrte sich massiv gegen jede Anklage und versuchte, sie zu widerlegen. Inzwischen ist ein Vierteljahrhundert vergangen. Wir leben mit mehr belastenden Umweltfaktoren als jede Generation vor uns. Wir haben mehr chronische Krankheiten als je zuvor zu bekämpfen. Aber es sind auch mehr Mediziner, Biologen, Chemiker, Physiker, Politiker und Unternehmer als je zuvor bemüht, gemeinsam Lösungen zu finden.

Wir haben lernen müssen, daß sich neben die klassischen Allergien wie Heuschnupfen, Asthma und Ausschlag Hunderte von maskierten Formen gesellten. Es sind die chronischen Krankheiten unserer Zeit. Sie bestehen meistens aus einer Vielzahl von Gesundheitsstörungen, deren Beschwerden ineinander übergehen, sie verstärken und verfälschen. Und wenn wir ihnen Bezeichnungen wie Depression, Psychose, Migräne, Arthritis geben, so tun wir das eigentlich nur, weil das eine oder andere Symptom das auffälligste ist, fast nie aber das einzige.

Die meisten Menschen denken bei dem Begriff Allergie an Störungen mit noch erkennbaren Zusammenhängen wie Heuschnupfen oder Hautausschlag. Rührt eine solche Reaktion von einem Lebens- oder Genußmittel her, bleiben die Ursachen fast immer unentdeckt. Nehmen wir ein einfaches Beispiel: Sie schlafen sonntags länger als sonst und wachen mit Kopfschmerzen auf. Beim Frühstück vergehen sie. Die Erklärung: Ihr Körper hat sich schon so an den morgendlichen Kaffee gewöhnt, daß sein Ausbleiben nur um Stunden bereits Entzugserscheinungen auslöst. In Wirklichkeit führt gerade der Genuß von Kaffee bei Ihnen zu allergischen Reaktionen, die Ihr Körper entweder tapfer unterdrückt oder mit ständig wiederkehrenden Beschwerden beantwortet. Nicht einmal der Betroffene selbst ahnt die Zusammenhänge. Doch seine Sucht nach Kaffee ist so stark, daß er immer wieder nach der Tasse greift. Nach Monaten, Jahren oder Jahrzehnten empfindet der Organismus die Reize als normal, ihr Ausbleiben jedoch als Störung.

Den gesunden Menschen schützen mehrere Mechanismen vor Erkrankungen. Chronische, immer wiederkehrende Belastungen zerstören diesen Schutz: Die Regulationssysteme werden ungenau, die Informationen der Nerven lassen nach, und die Arbeit der Drüsen wird fehlgesteuert. Das ist die Phase, in der auch die Entgiftungsvorgänge nicht mehr ausreichen und die Durchblutung zu wünschen übrigläßt. Eine Schwächung der Erbanlagen kann für derartige Probleme ein ganz bestimmtes Organ besonders empfänglich machen. Unregelmäßiger und zu kurzer Schlaf, flache Atmung und zu wenig Bewegung erleichtern diese Fehlentwicklung. Meistens sind auch Schutzfunktionen der Haut verkümmert. Je stärker Abwehrkräfte und Vitalität verringert sind, desto empfindlicher reagiert der Körper auf störende Reize. So brechen Allergien oft nach körperlicher Anstrengung oder nach schwerer Infektion aus.

Bevorzugter Nährboden der Allergien sind die Schleimhäute des Magen-Darm-Traktes. Wo Entzündungen oder Ernährung ohne Wirk- und Schutzstoffe die Auslesemechanismen zerstören, dringen fremde, aktive Substanzen ins Körperinnere vor. In erster Linie ist es dann die Leber, die uns vor dem Ausbrechen einer Allergie schützt. Aber Giftstoffe, die sie nicht beseitigt oder entschärft, können sich im aufquellenden Bindegewebe einlagern. Dies alles erhöht die Störanfälligkeit des Organismus und dessen Empfindlichkeit gegenüber Fremdstoffen und Giften.

Wenn Blütenpollen die Nase zum Laufen bringen, ist der Zusammenhang klar: Schleimhautreizung. Aber das Merkwürdige an den Allergien ist, daß es sie auch ganz ohne Symptome gibt. Schon der Vater des Begriffes »Streß«, Hans Selye, sprach vom Anpassungssyndrom. Das sind die Versuche des Körpers, mit einem Reiz fertig zu werden, mitunter durch die Unterdrückung jeglicher Symptome. Wenn Sie Ihre Allergie nicht spüren, heißt das noch nicht, daß Sie keine haben. Ihre Entgiftungsorgane spüren sie in jedem Fall.

Aber gerade wenn es um Schadstoffe in den eigenen vier Wänden geht, ist jeder einzelne von uns zu höherer Wachsamkeit aufgerufen. Hier eine Aufstellung oft harmloser Beschwerden, die, wenn sie chronisch werden, auf Umweltvergiftungen durch im Haushalt übliche chemische Stoffe zurückgehen können:

Erkrankungen der Atemwege, Allergien, Nervenleiden, Lebererkrankungen bis hin zum Krebs werden mit der Ausdünstung von neuen Spanplatten, mit hochtoxischen Holzschutzmitteln und mit der Beschichtung der Rückseite von Spannteppichen in Zusammenhang gebracht. Ebenso mit ganz normalem Staub. Schaffen Sie bei begründetem Verdacht schnell Abhilfe. Entfernen Sie verdächtiges Holz aus Ihrem Wohnbereich. Saugen Sie häufig und lüften Sie gründlich.

Erkrankungen der Schleimhäute, der Nase und des Auges, Bronchialasthma, in schweren Fällen Vergeßlichkeit, Müdigkeit und Störungen der Hirnfunktionen können auf massives Auftreten von Formaldehyd zurückgehen.

Augenreizungen, Halsschmerzen, Jucken und Rötungen der Haut sowie Allergien und Hirnschäden sind vielleicht die Auswirkungen von Lackdünsten. In schweren Fällen können auch Mißbildungen und Krebserkrankungen ausgelöst werden. Zwar dampft der Großteil ihrer leichtflüchtigen Lösungsmittel in der ersten halben Stunde nach dem Auftragen ab, doch noch zweieinhalb Jahre später stellen Lackanstriche eine Dauerbelastung dar, deren Gefahr unterschätzt wird – besonders an Heizkörpern. Schuld sind schwermetallhaltige Pigmente wie Zink-, Blei-, Cadmium- und Chromverbindungen. Insektizide, Binde- und Lösemittel werden den Lacken ebenfalls beigemengt. Pro Kopf der Bevölkerung verflüchtigen sich in der Bundesrepublik jährlich an die zwei Kilo dieser Giftstoffe.

Bronchitis, Asthma, Mykosen und Pilzerkrankungen können aus dem Badezimmer stammen. Aber ebenso gut aus der Erde von Topfpflanzen, von Kanarienvögeln, Tauben und Kaninchen. Feuchträume wirken auf Sporen und Pilze wie ein Magnet – vor allem, wenn nicht ausreichend gelüftet wird.

Mit einer Lungenreizung landete Hamburgs Kultursenatorin Helga Schuchardt in der Uni-Klinik der Hansestadt. Die sonst so wirklichkeitsnahe Politikerin hatte die Gefahr von Schuhsprays unterschätzt. Als sie sieben Paar Schuhe mit wasserabweisendem Silikon-

und Fluornebel besprühte, verspürte sie plötzlich stechende Schmerzen in der Brust. Ob Haarsprays, Ledersprays, Fleckenwasser, Reinigungsmittel oder Kleber – diese Chemikalien überziehen die Produkte, die sie beschützen oder behandeln sollten, mit einem hauchdünnen Film – leider auch die Lungenbläschen der Menschen. Die Giftstoffe verflüchtigen sich nur scheinbar in Windeseile. Beträchtliche Mengen halten sich noch tagelang in Gardinen, Teppichen, Tischtüchern und Möbelstoffen. Wenden Sie Sprays, wenn möglich, nicht in Ihren vier Wänden an. Wenn es aber unvermeidlich ist, so lüften Sie danach mindestens fünfmal. Sie können nicht vorsichtig genug sein.

In den Monaten Oktober bis Dezember werden besonders Neugeborene durch Krankheiten bedroht, die von der normalen Hausstaubmilbe verursacht werden. Auf rätselhafte Weise erkranken Jungen bis zum zehnten Lebensjahr dreimal häufiger als Mädchen. Gegen Jahresende vermehren sich die Hausstaubmilben fast explosionsartig. Ihre Ausscheidungen lösen Asthma, Bronchitis und Allergien aller Art aus. Jeder fünfundzwanzigste Mensch ist besonders gefährdet. Abhilfe schafft vor allem der Staubsauger. Gründliches Lüften von Matratzen und Polstermöbeln ist im Gefahrenfall ebenso ratsam wie der Verzicht auf Teppiche, dem bevorzugten Aufenthaltsort dieser kleinen Biester.

Ich will Ihnen die gemütlichen Stunden daheim keinesfalls vermiesen – aber bedenken Sie bitte: In den meisten Wohnungen der Bundesrepublik ist die Luft stärker mit Schadstoffen verseucht als unter freiem Himmel. Deshalb habe ich den entgiftenden Heilkräften der Luft, des Lichts und der Sonne in diesem Buch ein spezielles Kapitel gewidmet – obwohl die Luftverschmutzung in der Bundesrepublik Deutschland nach Meinung aller Bonner Umweltexperten immer noch als »katastrophal hoch« eingestuft wird. Der Gehalt der Außenluft an Giften ist bei uns bis zu fünfmal größer als in den USA. Lungenkrebs, Pseudo-

Krupp, Kehlkopfentzündungen und akute Atembeschwerden sind Krankheiten, die heute bei uns Hunderttausende von Menschen jährlich befallen und die eindeutig mit der Luftverschmutzung in Zusammenhang stehen. Daß alle diese Leiden auch in sogenannten Reinluftgebieten auftreten, entkräftigt die Forderung nach drastischer Senkung der Immissions-Höchstgrenzen keinesfalls. Es ist unbestritten, daß ein gesunder menschlicher Organismus nicht schon von einem krankmachenden Faktor allein lahmgelegt werden kann. Das ist jedoch nur ein schwacher Trost. Denn die »überadditive Wirkung«, bei der so viele Faktoren zusammenkommen, daß sich die Bedeutung der einzelnen nicht mehr nachweisen läßt, birgt große Gefahren. Einmal passiert es immer häufiger, daß krankmachende Faktoren unterschätzt oder gar übersehen werden. Zum anderen wird es immer schwieriger, sie aus der Welt zu schaffen.

Fast zehn Jahre nach der Katastrophe von Seveso wissen nicht einmal diejenigen über chemische Gefahren ausreichend Bescheid, die mit der Herstellung von Chemikalien ihren Lebensunterhalt verdienen. Erst allmählich wächst das Bewußtsein, daß auch Schlafstörungen und Sehschäden, Lungenprobleme, Blutleiden und Angstzustände etwas mit der Vergiftung unserer Umwelt, mit Schadstoffen in der Luft, im Boden, im Wasser und in unserer Nahrung zu tun haben könnten. Offensichtlich auch sexuelles Versagen, Impotenz, Unfruchtbarkeit und die Neigung zu Fehlgeburten.

Dies alles soll Sie nur insoweit beunruhigen, als Sie imstande sind, Vorsorge zu treffen. Der menschliche Körper ist es gewohnt, mit Bakterien zu leben und sie, wenn sie zur Bedrohung werden, zu besiegen. Das Innere eines gesunden Körpers ist frei von Bakterien, mit Ausnahme der sogenannten inneren Oberflächen, wie zum Beispiel die Schleimhäute der Nase, des Mundes und des Darms. Dies sind Flächen, auf denen

Bakterien siedeln. Einige von ihnen erregen Krankheiten, andere jedoch garantieren Gesundheit. Das sind lebende »Mitbewohner«, die uns mehr nutzen als schaden. Sie werden von unserem Körper mit Nährstoffen – zum Beispiel im Verdauungstrakt – versorgt, sie bekämpfen eventuell auftretende fremde Eindringlinge, sie halten sie in Schach oder vertreiben sie. Unsere Immunabwehr hilft ihnen dabei. Sie verfügt über ein System, das gefährliche Eindringlinge erkennt und vernichtet. Dafür aktiviert sie besondere Schutzstoffe des Blutes. Verschiedene Bakterien auf den inneren Oberflächen des menschlichen Organismus entwikkeln jedoch eine eigene Abwehr gegen die Immunabwehr. Zwischen diesen Kräften herrscht ein ewiges Tauziehen. Wenn die fremden Eindringlinge sich durchsetzen, sind ihrem Wachstum erst einmal keine Grenzen gesetzt. Sie breiten sich aus und werden zu Krankheitserregern. Ein Fall für die Giftfronten unserer Organe. Sie verdienen Ihre Hilfe. Und die ist gar nicht schwer.

Entgiften durch die Nahrung

Warum der Apfel Gift für die Gifte in unserem Körper ist – Wie sich die großen Ernährungsapostel gesundgegessen haben – Wir essen zuviel und trinken zuwenig, das führt zur Vergiftung von innen – Die Natur hat zwei Dutzend kräftige Saubermacher; der Knoblauch übertrifft sie alle

Der Junge war neun Jahre alt. Es schien, als würde er den zehnten Geburtstag nicht erleben. Seine Nieren versagten den Dienst. An manchen Tagen sonderten sie weniger als 0,2 Liter Harn ab – nicht einmal ein Fünftel der notwendigen Menge. Die fortschreitende Vergiftung war nicht mehr zu stoppen. Überall am Körper quälten den Jungen rheumatische Schmerzen. Bloß auf eine Saftkur sprachen die Nieren noch einmal an. Aber schon nach der ersten festen Mahlzeit nach zehn Tagen setzten die Nieren wieder aus. Ein Spezialist schickte das Kind nach Ägypten. Doch vergeblich warteten die Eltern darauf, daß die Hitze die Harnausscheidung der Nieren förderte und die Rheumaschmerzen linderte. Fünf Monate hoffte der Junge im damaligen – man schrieb das Jahr 1938 – Nobelkurort Heluan auf Heilung. Doch das Gegenteil geschah: Er wurde auch noch herzkrank, magerte ab, und seine Nieren waren fast gänzlich geschrumpft. Kränker denn je kehrte er nach Deutschland zurück.

Dann hatte einer seiner Ärzte inzwischen von einer wundersamen Nierenheilung in Amerika gehört. Ein Landarzt, Dr. Howard Hay, litt an der sogenannten Brightonschen Schrumpfniere. Eine Krankheit, die als unheilbar galt. Den Tod vor Augen, hatte der Arzt schließlich seine Behandlung selbst übernommen. Er war der Meinung, daß jede innere Krankheit ihre Hauptursache in der falschen Zusammensetzung der Nahrung habe. Dr. Hay verzichtete auf jegliche Medikamente und experimentierte so lange herum, bis er glaubte, ein chemisches Nahrungsgesetz entdeckt zu haben. Eiweiß (zum Beispiel Fleisch), so behauptete er, kann in unserem Magen nicht gleichzeitig mit Kohlenhydraten (zum Beispiel Nudeln) verdaut werden. Denn für das eine sind saure Magensäfte nötig, für das andere basische. Essen wir jedoch Eiweiß und Kohlenhydrate in ein- und derselben Mahlzeit – und das macht fast jeder – so stiften wir in unserem Inneren ziemliche Verwirrung. Bei Dr. Hay war die Verwirrung so groß, daß sein Körper von Verdauungsgiften überschwemmt wurde, die seine Nieren schrumpfen ließen. Er begann, die eine Nahrungsgruppe streng von der anderen zu trennen. Er aß Fleisch und andere Eiweißlieferanten nie mehr mit Teigwaren und anderen Kohlenhydratlieferanten – und wurde fast von einem Tag auf den anderen gesund. Sein Ernährungsprogramm, die »Haysche Trennkost«, fand in aller Welt begeisterte Anhänger. Es rettete dem nierenkranken Jungen aus Deutschland das Leben: Acht Wochen nach dem Beginn der Hay-Kost waren seine Nieren wieder gesund. Die tägliche Harnmenge des Neunjährigen betrug wieder 900 Kubikzentimeter, und sie wuchs sogar auf über einen Liter an.

Solche Beispiele mögen immer wieder verblüffend sein. Was ihnen zugrunde liegt, ist keinesfalls neu. Vor zweieinhalbtausend Jahren saß im Schatten einer Platane auf der paradiesischen Insel Kos, im alten Griechenland, ein bärtiger Arzt, umgeben von seinen Schülern, und rief ihnen zu: »Dein Essen soll deine Medizin sein.« Hippokrates, so hieß der Lehrer, hatte recht. Noch nie war sein Rat so heilsam wie heute. Deshalb sollten Sie jetzt das Buch für kurze Zeit weglegen und schauen, ob Sie einen Apfel im Haus haben. Essen Sie ihn genüßlich und in Ruhe!

Der Apfel ist nämlich ein Segen für Sie – und Gift für die Gifte in Ihrem Körper.

Der Apfel enthält viele gesunde Substanzen. Eine davon, das Pektin, wurde von unseren Großmüttern noch zum Sterilisieren der hausgemachten Marmeladen verwendet. Das Pektin tötet nämlich Krankheitskeime. In unserem Darm vernichtet es Verdauungsbakterien, es neutralisiert Gase, die durch Gärung oder bei Fäulnis entstehen.

Eine andere Substanz im Fleisch des Apfels kann heilen. Angegriffene Schleimhäute profitieren von dem Kalium, das der Apfel in großer Menge enthält. Dieser Mineralstoff hilft bei der Reparatur geschädigter Zellen.

Das Loblied auf den Apfel geht noch weiter. Essen Sie ihn vor einer Mahlzeit, und Sie erleichtern die Verdauung. Die säuerlichen Salze in seinem Saft – er besteht ja zu 84 Prozent aus Wasser – regen die Magendrüsen an, und das faserige Fruchtfleisch massiert sanft die Darmwände während der Passage durch den Körper. Verstopfung nach dem Genuß eines Apfels ist deshalb ziemlich ausgeschlossen.

Sie können sich leicht vorstellen, wie ein Apfel den Darminhalt vergrößert, zum Quellen bringt, und schon durch seine Masse mithilft, daß die Nahrungsabfälle rascher dem dafür vorgesehenen Ausgang zuströmen. Die normale Verdauung ist nach 24 Stunden abgeschlossen. Beim Kranken verzögert sich die Darmpassage oft – und das ist noch lange nicht Rekord – auf bis zu 72 Stunden. Mit einem Apfel wird Ihnen das nicht mehr passieren. Seine Zellstoffasern lockern den Darminhalt, machen ihn beweglich. Das sanfte Reiben an den Schleimhäuten irritiert den Darm – er bemüht sich stärker, den störenden Inhalt loszuwerden.

»An apple a day keeps the doctor away«, sagen die Engländer. Das ist selbst im Jahrzehnt der Umweltgifte nicht zu optimistisch. Haben Sie keine Angst vor der Schale, wenn Sie sie vorher mit warmem Wasser abgespült haben. Die Haut des Apfels ist zäh und wasserdicht – sie läßt so leicht nichts Störendes nach innen. Die Darmwände empfinden sie als besonders kratzbürstig. Schon deshalb sollten Sie nicht darauf verzichten.

Früher, als die Menschen noch im Einklang mit der Natur lebten, wurden mit Hilfe des Apfels regelrechte Darmentgiftungen erzielt, und zwar im Frühjahr. Sie sollten den Körper von den Schäden der einseitigen Winternahrung befreien, von zuviel Fleisch und Kornprodukten, von zu wenig Obst und Gemüse. Einen ganzen Tag lang ernährten sich unsere Vorfahren nur von Äpfeln. Bei Tagesanbruch tranken sie lauwarmen Apfelsaft. Der regte die Magensäfte an und spülte den ganzen Ernährungstrakt gründlich durch. Dann, vormittags auf dem Feld, gab es für jeden einen bis drei Äpfel, ganz nach Belieben. Das Mittagessen bestand dafür nur aus einem Aufguß aus Apfelschalen. Zur Brettljause am Nachmittag wurden wieder nur Äpfel aufgetischt – diesmal mit Apfelmost, abends dann ein warmer Ausklang: Apfelkompott mit Zimt und Honig.

Wie eine Bürste fegt der Apfel durch den gesamten Ernährungstrakt und bewirkt auf seinem neun Meter langen Weg nur Gutes. Seine Fasern drängen in Falten und Nischen des Darmgebildes. Er schiebt den Verdauungsmüll vor sich her, er saugt Gifte in sein Fleisch auf und führt sie ab, wie es sich für einen zuverlässigen Polizisten gehört. Dabei wird die Giftküche in unserem Körper nicht nur mechanisch gereinigt, sondern auch chemisch. Das Pektin ist ein natürliches Antibiotikum. Es tötet Keime. Und es ist nicht zu erwarten, daß umgekehrt Apfelreste, die irgendwo haften oder liegen bleiben, selbst wieder Fäulnis- oder Gärprozesse auslösen.

Wie wohl der Apfel tut, können Sie in zwei Extremsituationen selbst erkennen – sowohl bei Verstopfung als auch bei Durchfall. Lassen Sie alle anderen Hilfen weg und kauen Sie, wenn es da unten einmal nicht mehr weitergeht, in der Früh auf nüchternen Magen ein, zwei Äpfel, wie Sie gerade Lust haben, langsam und gründlich mit etwa 20 Kaubewegungen pro Bissen. Wenn Ihr Magen später brennt oder drückt, haben Sie zu hastig gegessen.

Sollte es Ihnen da unten zu schnell gehen, so verordnen Sie sich die strenge, aber hochwirksame Apfeldiät: Zwölf Stunden, je nach Befinden, nichts anderes als geschälte und geschabte Äpfel, jeweils frisch zubereitet, ohne zusätzliche Flüssigkeit und ohne Zusätze wie etwa Zucker oder Honig.

Diese Magen- und Darmbehandlungen regulieren viele Abläufe im ganzen Körper. Die Wirkstoffe des Apfels passieren nach getaner Arbeit im Unterbauch die Schleimhäute, erreichen die Leber und entgiften, solange sie im Körper sind. Jeder Apfel enthält Saft, der eine ganze Tasse füllen würde. Diese hochwirksame Flüssigkeit erreicht die Nieren, spült sie durch und fördert die Harnabsonderung. Wenn zwei Tage nach einer Darmentgiftungskur wie zufällig hartnäckige Akne, Pickel und andere Hautprobleme verschwinden, wird Ihnen eines klar sein: Die Gifte des Darms bedrohen den ganzen Körper. Die Heilung des Darms bekommt allen Organen.

Wenn wir gerade vom Apfel sprechen: Auch äußerlich angewendet, wirkt seine Säure reinigend. Halbieren Sie einen Apfel und reiben Sie mit den Schnittflächen Ihre Haut ein: im Gesicht, an den Händen, Beinen, Schultern, auf Brust und Bauch – wo immer Sie es angenehm empfinden. Die Apfelsäure dringt in die Poren ein und erschwert möglichen Krankheitserregern das Leben. Sie werden später lesen, daß Schwitzen ebenfalls reinigende Säure, und zwar Milchsäure, aus den Poren treibt. Entgiftung von außen ist jedoch weniger anstrengend …

Ein Landarzt aus dem US-Bundesstaat Vermont, Dr. D. C. Jarvis, hat sich auf die alten Heilmethoden spezialisiert, die von den Menschen dort seit vielen

Generationen angewendet werden. Der Arzt ist überzeugt, daß die Einwohner von Vermont ihre robuste Gesundheit dem Apfelessig verdanken. Er beschreibt einen – zugegeben abstoßenden – Test, der die Wirkung des Apfelessigs deutlich macht. Dr. Jarvis ist in den USA ein angesehener Mediziner. Wir dürfen darauf vertrauen, daß sich der einfache Versuch so abgespielt hat, wie er ihn schildert. Keiner von uns muß jetzt auf die Idee kommen, seine Angaben zu überprüfen.

Der Arzt legte einen Regenwurm auf eine harte Unterlage und goß Apfelessig darüber. Die arme Kreatur wand sich augenblicklich wie unter schrecklichen Schmerzen. Nach wenigen Sekunden lag der Wurm regungslos da. Seine rosa Farbe schlug um in ein stumpfes Weiß. Der Wurm war vergiftet.

»Genau das«, sagt Dr. Jarvis, »macht die Säure des Apfels mit den giftigen Verdauungsbakterien in Ihrem Körper.«

Sein Rat: Trinken Sie täglich schluckweise ein, zwei Eßlöffel Apfelessig, die Sie in ein Glas Wasser geben. Und reiben Sie sich einmal in der Woche von Kopf bis Fuß mit purem Apfelessig ein (allerdings nicht, wenn Sie kurz danach unter Leute gehen – man riecht den Essig). Doch Vorsicht! Übertreiben Sie bitte nicht mit dem Apfelessig. In den zwanziger Jahren war es unter Frauen Mode, reinen Essig, wie er sonst für Salate verwendet wird, in Unmengen als Schlankmacher zu trinken. Die Frauen magerten zwar alle ab, doch manche holten sich eine Essigvergiftung, die sich in Krankheiten wie Lungenentzündung äußerte.

Es ist nicht nur ein Apfel – es sind, ohne Übertreibung, Dutzende Nahrungsmittel, Obstsorten, Früchte und Kräuter, die von Kopf bis Fuß entgiften, entschlacken, das Blut reinigen und – was noch wichtiger ist: der Vergiftung vorbeugen. Schon einige wenige einfache Grundregeln machen Ihrem Körper das Leben leicht und deren Befolgung kann sogar Leben retten. Die großen Ernährungsapostel der letzten hundert Jahre waren todkrank. Sie aßen sich gesund.

Gaylord Hauser erkrankte als Siebzehnjähriger an Hüfttuberkulose, magerte zum Skelett ab, wurde siebenmal operiert und von den Ärzten aufgegeben. Ein alter Mönch nannte ihm den Weg zur Heilung: »Lebendige Nahrung schafft einen lebendigen Körper.« Hauser stellte seine Ernährung um, aß von da an täglich Bierhefe, Joghurt, Weizenkeime und Melasse, den Saft der Zuckerrübe, mied möglichst Zucker und weißes Mehl. Fisch, Geflügel und Fleisch waren nur in kleinen Mengen erlaubt. Sechs Monate später war der todkranke Junge geheilt. Er wurde der berühmteste Ernährungslehrer unseres Jahrhunderts. Selbst die Großen von Hollywood aßen nur, was er ihnen erlaubte. Gaylord Hauser erreichte das biblische Alter von 92 Jahren.

Maximilian Bircher nahm schon mit zwanzig Jahren die schwersten Betäubungsmittel gegen Schlaflosigkeit und hämmernde Kopfschmerzen. Er war auf dem besten Weg, alkohol- oder tablettenabhängig zu werden, als ein Arzt ihm sagte: »Gehen Sie an die frische Luft und essen Sie viel Salat.« So wurde er gesund. Er studierte Medizin und entwickelte eine Rohkost für Kranke, die manchmal sogar Wunderheilungen vollbringt.

Are Wareland war als Kind häufiger im Krankenhaus als in der Schule. Nach einer Darmerkrankung fühlte er sich nur noch als Wrack, dabei war er erst 20 Jahre alt. Mit Gemüse und Obst, Getreide, Milch und Milchprodukten wurde er gesund. Er blieb bis zu seinem Tod mit 79 Jahren fanatischer Vegetarier. Im Mittelpunkt seiner Ernährungslehre standen die Kartoffeln, der Leinsamen und die Kleie.

So unterschiedlich die Krankheiten waren, so waren die Männer doch alle Opfer von Vergiftungen. Bei dem einen standen Gifte am Beginn seines Leidens, bei dem anderen waren sie die Folge davon. Ihre Heilung war nur möglich durch Entgiftung des geschädigten Körpers. Zwar reagiert jeder Mensch anders. Und es gibt nur ein einziges Nahrungsmittel, das allen gleich bekommt – das Wasser. Doch lassen sich aus den Patentrezepten dieser berühmten Patienten vier Grundregeln für den Krieg gegen die Gifte mit Messer und Gabel ableiten:

Entgiftend wirken Lebensmittel, die

- sich leicht in nützliche Wirkstoffe und natürliche Abfallstoffe zerlegen lassen,
- den Verdauungstrakt rasch wieder verlassen, ohne zusätzliche Fäulnis und Giftstoffe zu erzeugen,
- im Körper vorhandene Gifte neutralisieren, binden oder aufsaugen und nach draußen schaffen,
- den Organen vollwertige Energien für Höchstleistungen an der Giftfront liefern.

Nun werden wir uns nicht vor jedem Bissen fragen: Überwinde ich damit eine vorhandene Entgiftung? Verhindere ich die nächste? Aber daß Essen nicht nur Lust bereitet, sondern unsere wichtigste Beziehung zur Umwelt darstellt, ist nicht zu leugnen. Es liegt auch an Ihnen, ob diese Beziehung ein Segen ist oder zum Fluch wird.

Vollwertkost, Vitalstoffe, Rohkost dürfen auf Ihrem Teller keine Nebenrolle mehr spielen. Nur sie liefern die Mineralstoffe, Enzyme, Fermente und Vitamine, die den Chemiekonzern Mensch in Schwung halten. Fleisch, Fisch, Geflügel gefährden diese Harmonie. In unserem Darmtrakt nisten ganze Kolonien von Bakterien. Erschrecken Sie nicht – Bakterien sind in erster Linie unsere Helfer. Ein Teil von ihnen zerlegt pflanzliche Kost und setzt Schutzstoffe und Aktivsubstanzen frei. Andere, weniger nützliche Bakterien verwandeln Eiweiß – also Fleisch – in eine faulende und gärende Masse. Je weniger Wirkstoffe von den Pflanzen-Bakterien freigesetzt werden, desto geringer ist die Ausbeute an Aktivsubstanzen aus der Nahrung, die der Organismus benötigt. Je mehr Fäulnisstoffe die Fleisch-Bakterien hinterlassen, desto stärker ist der Angriff der Gifte gegen die Schleimhäute, die den Körper vor den Giftrückständen des Darms schützen. Wer nur Fleisch ißt, erzeugt zu viele Gifte und schwächt die Giftpolizei seines Körpers.

Garnieren Sie also Ihr geliebtes Schnitzel, Ihren Sonntagsbraten, Ihr Steak und Ihre Ente reichlich mit Salaten und Gemüsen, mit Kartoffeln und Früchten. Dann werden Sie Fleisch auch künftig ohne schlechtes Gewissen genießen.

In den letzten 50 Jahren haben sich unsere Eßgewohnheiten außerordentlich geändert. Fleisch hat das Gemüse, den Salat und das Obst von unseren Tellern verdrängt. Geflügel essen wir fünfmal häufiger als 1935. Käse essen wir um 240 Prozent mehr als vor einem halben Jahrhundert, und Schweinefleisch kommt doppelt so oft wie zu Großvaters Zeiten auf den Tisch. Selbst beim Rindfleisch macht die Steigerung noch 50 Prozent aus. Ein Bauer ernährt heute im Durchschnitt sechsmal soviel Menschen wie vor 50 Jahren. Er ernährt sie mit Fleisch. Die geringste Zuwachsrate in der Landwirtschaft haben die pflanzlichen Produkte zu verzeichnen: 44 Prozent. Wir gelten deshalb inzwischen in ganz Europa auch als »Gemüsemuffel« – die Norddeutschen, trotz ihrer bescheidenen Vorliebe für Salzkartoffeln und gekochtes Gemüse ebenso wie die Bayern, die Salate und Kartoffelknödel vorziehen.

Es wäre ungerecht, unsere Vorliebe für fleischliche Genüsse in erster Linie oder gar allein zum Sündenbock zu stempeln. Aber es ist nicht zu leugnen: Das Übermaß an Eiweiß führt zu vorzeitigen Leiden. Das hat der Ernährungsapostel Dr. Howard Hay schon 1939 in seinem Buch »A NEW HEALTH ERA« (Ein neues Gesundheits-Zeitalter) geschrieben. Und er fügte hinzu: »Jede Krankheit stellt sich dann ein, wenn unser Körper die vorhandenen Gifte nicht mehr duldet. Jedes Leiden ist der Versuch des Körpers, die unerwünschten Giftmassen loszuwerden.«

Was würde Dr. Hay heute erst sagen?

Vor allem müßte er beklagen, daß wir die wenigen Naturprodukte, die wir noch essen, vorher meistens so verändern, daß auch sie die Chemie des menschlichen Körpers durcheinanderbringen. Durcheinanderbringen heißt: Es entstehen mehr Verdauungsgifte und weniger nährende Substanzen. Gifte werden aggressiver und gefährlicher, die Nährstoffe immer armseliger. Wir nennen diese veränderten Nahrungsmittel denaturiert. Sie verdienen nicht mehr die Bezeichnung »Lebens«-mittel. Durch Konservieren, Präparieren, Entziehen und Erwärmen wurden sie bis zur Unkenntlichkeit verändert. Unser Obst, unser Gemüse, das Fleisch unserer Schlachttiere besitzt einen Reichtum von rund 2000 Vitalstoffen – Vitamine, Enzyme, Spurenelemente, Fermente, Säuren, Metalle. Schon in winzigster Dosierung sind sie unersetzliche Helfer im Stoffwechsel des Körpers. Doch ihre Wirkung geht bereits beim Erhitzen auf 43 Grad Celsius weitgehend verloren.

Wir essen mehr Kalorien denn je, aber sie sind leer. Weißes Mehl, Zucker, künstliche Fruchtsäfte sind kastrierte Nahrungsmittel, denen das Wichtigste fehlt: die Vitalstoffe, die der Körper braucht, um das Essen in Wirkstoffe und Abfälle zu zerlegen.

Wir essen zuviel: 2600 bis 3100 Kalorien. Dabei würden den meisten 1700 bis 1900 Kalorien genügen. Wir essen zuwenig von dem, was wir wirklich brauchen: Einseitige Kost ist Mangelkost. Wir essen zu heiß, zu kalt und vor allem zu hastig. Bis Magen und Darm sich auf die Nahrungsaufnahme umgestellt haben, ist die Mahlzeit meist schon vorüber. Wir essen zuwenig Natur: Unser Essen ist unseren Organen fremd geworden. Und noch einmal: Wir essen zuviel leere Kalorien: Ein Stück Torte, ein Glas Wein macht dem Körper mehr Arbeit, als es Nutzen bringt. Wir essen zuwenig Metalle: Unsere Großeltern hatten noch Eisentöpfe und Kupferkessel in der Küche, die sie mit winzigen, aber wichtigen Spuren von Eisen und Kupfer versorgten, und sie aßen reichlich Äpfel, Erbsen, Haferflokken, Mais, Tomaten, Birnen, Brennesseln, Karotten, Pflaumen, Radieschen, Trauben und Zwiebeln. Wir essen doppelt so viel Salz als uns guttut. Und jedes Gramm Zucker ist schon zuviel. Denn unsere Organe sind eigentlich auf Sirup, Melasse, Honig und süße Früchte programmiert. Wir kochen falsch: Wir laugen das Gemüse meistens aus, statt es zu dämpfen oder zu schmoren. Und wir trinken zuwenig.

Das alles fördert die Vergiftung von innen. Und schwächt die Abwehr der Gifte. Schmerzen, Unwohlsein, Krankheiten sind häufig angegessen. Sie sind das Ergebnis lebenslanger Fehlernährung. In vielen Familien traten bestimmte Krankheiten immer wieder auf. Meist betreffen sie die besonders geschwächten Organe an der Giftfront. Nicht fehlerhafte Erbanlagen, sondern falsche Eßgewohnheiten sind oft schuld an solchen Familienleiden.

Diese Ausführungen erscheinen mir notwendig, um Ihnen klarzumachen: So verschieden Krankheiten, Schmerzen und Beschwerden auch sein können – viele von ihnen beginnen im Darm. Sie sind das Ergebnis einer gestörten Körperchemie. Diese Störung ist heilbar. Kein Arzt, kein Medikament, kein Wundermittel kann Ihnen diese Aufgabe abnehmen. Der Ernährungsapostel Dr. Howard Hay predigte vor 50 Jahren: »Niemand kann für uns essen, für uns kauen, für uns verdauen. Niemand außer Ihnen selbst ist schuld, wenn Sie sich nicht wohlfühlen.«

Aber jeder von uns kann sich helfen lassen. Einen wichtigen Helfer kennen Sie schon: den Apfel. Welche gibt es noch?

Zu den aktuellsten Heilmitteln gehört eines, das zu den ältesten der Menschheit zählt – der Knoblauch. Viele Substanzen dieser intensiv entgiftenden Pflanze können Sie auch in völlig geruch- und geschmacklosen Kapseln einnehmen. Ich glaube jedoch, daß der

Knoblauch, wie die Natur ihn schuf, alle Imitationen übertrifft. Schon ein römischer Dichter hat geschrieben: »Vieles wird neu geboren, was schon gestorben ist.« In der Medizin erleben wir die Renaissance großartiger, aber in Vergessenheit geratener Heilmethoden mit neuer Dynamik und besseren Erfolgen. Die alten Griechen verzehrten vor einer Schlacht Knoblauch in großen Mengen und hofften auf ausdauernde Kräfte. Herodot, ihr Geschichtsschreiber, entdeckte in der Cheopspyramide auf einer Inschrift aus dem dritten Jahrtausend vor Christi einen Hinweis auf die Mengen Knoblauch, Zwiebeln und Radieschen, die von den Arbeitern während der Errichtung dieses Bauwerks verzehrt wurden. Wenn diese Wundermittel der Natur nicht rechtzeitig eintrafen, streikten die Arbeiter. Im Talmud, der Quelle jüdischer Gesetze, empfiehlt der Priester Ezra freitags »wegen seiner begrüßenswerten Eigenschaften« Knoblauch zu essen: In der Freitagnacht, auf die der Sabbath folgt, sollten die ehelichen Freuden nicht zu kurz kommen ...

Wissenschaftliche Versuche über die entgiftende Wirkung des Knoblauchs gibt es seit rund 70 Jahren. Am Serotherapeutischen Institut in Wien fütterte der Militärarzt Dr. W. Marcovici auf der Suche nach einem wirksamen Heilmittel für Ruhrkranke Kaninchen täglich mit 2,5 Gramm Knoblauchpulver. Dann spritzte er ihnen die zehnfache Dosis Ruhrbakterien – eine normalerweise tödliche Ballung. Die Kaninchen überlebten. Tiere, die keinen Knoblauch in ihrem Futter hatten, verendeten.

Die Heilkräfte des Knoblauchs wappnen die Organe massiv gegen die Umweltgifte. Seine Öle, seine Spurenelemente und seine Säuren desinfizieren, töten Krankheitsbakterien und hemmen Entzündungen. Alle infektiösen Erkrankungen des Magen-Darm-Traktes heilen schneller, wenn Sie Knoblauch essen. Auch bei Entzündungen der Schleimhäute im Magen und Darm ist Knoblauch sofort wirksam. Seine Heilkräfte wandern mit dem Blut durch den ganzen Körper. Noch nach 24 Stunden sind die ätherischen Knoblauchöle aktiv, bis sie über die Haut ausgeschieden werden. Die Leber, die Galle, die Nieren, die Lunge, die Bronchien und die Drüsen spüren die entgiftende, reinigende Energie dieser unscheinbaren Zehen am meisten.

Dank der bakterientötenden Kräfte war Knoblauch das »Penicillin des Altertums«. In vielen Schriften der alten Chinesen, Ägypter, Griechen und Römer wird dieses Liliengewächs als vorzügliches Heilmittel gepriesen.

Zur Entgiftung genügt täglich eine Zehe Knoblauch, am besten roh, in der Suppe, im Salat, im Gemüse, auf dem Brot oder nach Belieben dem Essen beigegeben. Achten Sie darauf, daß der Saft erhalten bleibt, wenn Sie die Zehe vorher zerkleinern wollen.

Eine verblüffende Wirkung haben Knoblauchbäder. Sie können dafür Essenzen kaufen oder sie selbst zubereiten: eine zerdrückte Knoblauchzehe in einer Tasse mit abgekochtem heißen Wasser fünf Stunden ziehen lassen und dann mit zwei Litern warmem Wasser aufgießen. Nehmen Sie darin ein fünfzehnminütiges Hand- oder Fußbad. Spätestens nach einer Stunde werden die durchdringenden Heilkräfte des Knoblauchs die inneren Organe erreicht haben.

Seine Säfte entwässern das Gewebe, sind harntreibend, fördern die Durchblutung von Leber, Niere, Lunge und Haut und reinigen das Blut. Bei ernsthaften Problemen mit Magen oder Darm verschreiben Sie sich am besten eine Knoblauch-Entgiftungs-Kur: Sieben Tage hintereinander je eine halbe Zehe Knoblauch nach jeder Mahlzeit. Am besten in dünne Scheiben geschnitten und mit einem Eßlöffel Honig übergossen.

Dem Knoblauch verwandt und auch in der Wirkung ähnlich ist die Zwiebel. Ihre ätherischen Öle treiben uns das Wasser in die Augen – aber auch den Harn aus dem Körper. Im Magen-Darm-Bereich ist die Zwiebel besonders anregend. Sie stimuliert die natürlichen Bewegungen des Darms, neutralisiert Verdauungsgase, heilt Entzündungen, löst Verstopfungen. Es ist ein Fehler, daß Knoblauch und Zwiebel nur noch als Gewürze, nicht aber als Heilmittel hoch im Kurs stehen. Unsere Vorfahren wußten es besser: Sie träufelten sich Zwiebelsaft, mit Honig vermengt, sogar in das entzündete Auge.

Und weil gerade von Honig die Rede ist: Auch dieses edle Naturprodukt hat heilende Eigenschaften. Honig war die Wundsalbe früherer Zeiten. Wie Knoblauch und Zwiebel besitzt er Substanzen, die dem Penicillin ähnlich sind: natürliche Killer von Bakterien und anderen Krankheitserregern.

Die Säuren des Apfels und die Öle der Zwiebel und des Knoblauchs vertragen sich gut mit einem weiteren Helfer im Giftkrieg: der Milchsäure. Sie zählt zu den Wachstumssubstanzen, die jede menschliche Zelle bei ihrer Entstehung braucht. Und sie ist unser wichtigster Reparaturstoff. Milchsäure steckt im Sauerkraut, noch dazu in Kombination mit Vitamin C, das selbst während der Winterlagerung nicht verlorengeht. Von je her ist Sauerkraut eine bewährte Verdauungshilfe. Seine Säuren töten Krankheitsbakterien ab, lassen aber Gesundheitsbakterien gedeihen.

Den gleichen Effekt erzielen Sie mit Joghurt, Kefir, Buttermilch, Sauermilch sowie mit fermentierten Säften und ebensolchen Gemüsen. Sie alle sind Lieferanten von Milchsäure. Vielleicht verdankt ihr das Bergvolk der Hunzas im pakistanischen Karakorum-Gebirge seine Langlebigkeit. Bei diesen Menschen gehören Joghurt und Kefir zur Grundnahrung.

Auch Ziegenmilch schwemmt Gifte aus dem Körper. Noch im vergangenen Jahrhundert wurden durch Trinkkuren mit Ziegenmilch Lungenerkrankungen, Darmprobleme, Verdauungsleiden und Magengeschwüre auskuriert – alles Zeichen chronischer Vergiftung.

An der Universität Gießen wurde die Heilkraft der Ziegenmilch jetzt erstmals mit wissenschaftlichen Methoden getestet. In einer Versuchsreihe hat man die Leber von Laborratten durch stark gesüßte Nahrung so schwer geschädigt, daß die bedauernswerten Tiere an einer Art Gelbsucht erkrankten. Man behandelte sie nur mit einem Konzentrat aus Ziegenmilch – und nach drei Tagen ging die Gelbsucht wieder zurück!

Vielleicht entspricht Ziegenmilch nicht so ganz Ihrem Geschmack, aber dafür hoffentlich die rohe Kuhmilch. In alten Völkern wurde sie früher den Göttern sogar als Opfer dargebracht. Und in manchen Kulturen haben sich die Menschen die Gottheit als eine Kuh mit vollem Euter vorgestellt. Milch enthält wertvolles und am leichtesten verdauliches Protein, lebenswichtige Enzyme, Spurenelemente und viele Mineralien. Am wichtigsten ist in unserer Zeit ihr Gehalt an Vitamin A, dem Entgiftungsvitamin. Mit seiner Hilfe erholen sich ermüdete Augen ebensoschnell wie angegriffene Schleimhäute – Vitamin A ist unerläßlich für die Reparatur kaputter Zellen. Kleopatra badete in Milch und Honig. Das war im alten Ägypten die beste Kosmetik, die sie ihrer Haut gönnen konnte. Sie können es ja einmal selber ausprobieren, wie gut und weich sich Ihre Haut anfühlt, wenn Sie Ihrem nächsten Vollbad einen einzigen Liter Vollmilch beimengen.

Einer der reichsten Männer Amerikas, John D. Rockefeller sen., wendete bei jeder Krankheit ein Heilmittel besonderer Art an: Muttermilch. Sie wurde ihm aus der Babystation eines nahen Krankenhauses frisch angeliefert und ließ ihn nicht weniger als 98 Jahre alt werden.

Nicht ohne Grund hat die Schöpfung das Überleben unzähliger Arten von Milch abhängig gemacht. Wenn es darum geht, Umweltgifte mit Hilfe der Nahrung abzuwehren, kommt der Kuhmilch eine besondere Rolle zu. Ihre drei wichtigsten Vitamine, A, B 2 und C, schützen den Körper vor den Angriffen vieler Schadstoffe. Ihr hoher Gehalt an Kalzium ist ein wirksamer Vergiftungsschutz. Dieser Mineralstoff spielt eine wichtige Rolle beim Aufbau und der Gesunderhaltung unserer Knochen. Zum Beispiel hindert die regelmäßige Zufuhr von Kalzium das Schwermetall Blei daran, sich in den Knochen abzulagern. Auch die Aminosäuren machen die Milch heute zu einem unentbehrlichen Lebensmittel. Sie neutralisieren zumindest zum Teil die Wirkung von Cadmium und Blei auf die menschliche Zelle. Den aktivsten Schutz leistet Milch frisch von der Kuh. Vorzugsmilch – sie wird roh und fast unverändert abgepackt – kommt ihr noch am nächsten. Fettarme oder haltbar gemachte Milch ist weitgehend ihrer Vitamine und Spurenelemente beraubt – die armselige Handelsform eines großartigen Lebensmittels.

Während das Vitamin A in der Milch Umweltschäden entgegenwirkt, stärken ihre übrigen Inhaltsstoffe den geschwächten Körper. In den dreißiger Jahren gab es sogar Milchkuren, mit deren Hilfe bei Tausenden Patienten die Zahl der Herzschläge innerhalb von drei Tagen um etwa zwölf in der Minute erhöht wurde. Dabei zeigte sich, und das ist für uns interessant, daß die Milch die Tätigkeit der Nebennieren anregt und die natürlichen Bewegungen des Darms stimuliert. Diese Verdauungshilfe sollten wir heute nicht unterschätzen. Vergessen Sie also bei der täglichen Reinigungskur Ihres Körperinneren nicht die Milch, eines der ältesten Nahrungsmittel des Menschen.

Planen Sie dabei auch Zucchini ein. Dieses aus dem Süden stammende Gemüse ist bei uns heimisch geworden, gerade noch rechtzeitig, um unsere geplagte Leber zu entlasten. Die Leber ist unsere Vorratskammer für Natrium, ein Element, das für den Ausgleich unseres Säure-Basen-Haushalts im Körper immer wichtiger wird, seitdem wir immer mehr Fleisch, weißes Mehl und weißen Zucker essen. Zucchini gleichen gefährliche Ernährungsschäden aus. Für eine Leber, die Schwerarbeit leisten muß, um die Säureüberschüsse auszugleichen, sind sie die beste Medizin. In Italien galten Zucchini viele Jahrhunderte hindurch sogar als Allheilmittel. Heute wissen wir, warum: Es ist das Natrium, das einen von Stoffwechselsäuren überfluteten Körper entgiftet.

In unseren Gärten finden Sie einige Verwandte dieses südlichen Gemüses: die Melone, den Kürbis und die Gurke. Auch sie schwemmen mit ihren aktiven Säften Schlack- und Schadstoffe sowie Rückstände aus den Organen. Der rohe Saft der Gurke zum Beispiel wurde früher zur Blutreinigung verwendet. Und daß der Kürbis aus unseren Küchen verschwunden ist, ist jammerschade.

Noch ein paar andere Produkte aus unseren Gärten verdienen unter den veränderten Umweltbedingungen eine neue Bewertung. Wann haben Sie zuletzt Sellerie gegessen? Salate aus dieser Knolle, roh oder gekocht, sind Medizin für Ihre Leber und Nieren. Auch Scheiben der gekochten Sellerieknolle, wie Schnitzel paniert und in Butter herausgebacken, liefern Wirkstoffe, die Ihnen sonst fehlen könnten. Diese Knolle stand noch bei unseren Großeltern als Wintergemüse in hohem Ansehen, da sie ihre Vitamine auch bei monatelanger Lagerung behält. Sellerie gilt als Potenzmittel. Denn seine ätherischen Öle treiben frisches Blut in alle Organe. Das gilt ganz sicher auch für die Leber und die Schleimhäute von Magen und Darm. Und es läßt sich nachweisen, daß auch die Niere vom Sellerie zu stärkerer Tätigkeit angeregt wird ...

Allerdings sollte ein geschwächter oder gereizter Magen-Darm-Trakt nur behutsam von Gewürzen angeregt werden. Eine allzu heftige Anregung kann leicht zur Irritation werden. Die Natur hat einigen Pflanzen einen besonders kräftigen Beigeschmack gegeben. Nicht, um unseren übersättigten Gaumennerven noch ein paar Genüsse zu schenken, sondern um Insekten fernzuhalten. Was wir an der Brunnenkresse oder dem Thymian so schätzen, ist nichts anderes als ein natürliches Pflanzenschutzmittel. Im Zuge der Verteufelung unseres Kochsalzes haben Sie in den letzten zehn Jahren ganz sicherlich mehr als einmal gelesen, wie gesund es sei, auf den Salzstreuer ganz zu verzichten und künftig nur noch mit Kräutern zu würzen. Diese Ratschläge haben sich als übertrieben erwiesen. Was Insekten in die Flucht treibt, sollten wir unseren Nieren nicht allzuoft und allzu reichlich zumuten.

Zum Glück gibt es ein Würzmittel, das Sie unbedenklich verwenden können: die Hefe. Angereichert mit geschmackvollen Extrakten aus Zwiebel, Lauch, Karotten und Sellerie präsentiert sich dieses älteste Heilmittel der Menschheit heute als vielseitig verwendbare Suppen- oder Soßengrundlage. Und in jedem Supermarkt finden Sie sie auch im Urzustand.

Hefe wirkt mild auf entzündete Schleimhäute ein, absorbiert und neutralisiert überschüssige Säuren. Diese Säuren bedrohen sonst das Zellgewebe. Oft ist übersaurer Gallensaft, der in den Dünndarm abfließt, die Ursache von Verstopfung. Krämpfe lassen die natürlichen Darmbewegungen fast völlig erlahmen. Hier bringt Hefe mit ihren milden Kräften vieles wieder in Ordnung. Und nicht nur das. Hefe erleichtert erwiesenermaßen die Verdauung von Kohlenhydraten. Ihre wertvollen B-Vitamine helfen der Leber, Fett zu verdauen, und reinigen Blut und Haut. Der amerikanische Arzt Dr. Henry G. Bieler, der sich auf Heilung durch Ernährung spezialisiert hat, preist Hefe als verblüffend wirksames Hausmittel aus früheren Tagen auch bei nervösem Magenleiden an. Seine Patienten trinken eine Mixtur aus Hefe und heißem Wasser oder heißer Milch – und ihre Magenbeschwerden nehmen ab. Gegen Akne und andere Hautunreinheiten verordnet Dr. Bieler eine Gesichtsmaske aus Hefe und Rosenwasser. Den größten therapeutischen Nutzen haben die Vitamine und Wirkstoffe auf leeren Magen.

Essen Sie einen frischen Hefewürfel, pur oder in Wasser oder Milch aufgelöst, früh am Morgen oder eine Stunde vor dem Abendessen. Auch als Abschluß des Tages vor dem Zubettgehen wird ein Hefewürfel empfohlen. Unmittelbar mit anderen Nahrungs- und Lebensmitteln sollte Hefe nicht eingenommen werden. Es könnte zu alkoholischen Reaktionen im Verdauungstrakt kommen.

Lange ehe Wissenschaftler wie der englische Chemiker R. H. A. Plummer die Entgiftung der Leber durch Hefe nachgewiesen haben, hatte der Hefetopf in den Regalen unserer Vorfahren einen Ehrenplatz. Jede Braut trug stolz ihren eigenen Hefekrug in ihr neues Heim. Heute zählt die unscheinbare Hefe zu den billigsten Heilmitteln, die wir kennen. Vielleicht ist sie deshalb fast in Vergessenheit geraten.

Wir sollten sie schleunigst wiederentdecken.

Eine ganz besondere Rolle spielt ein Hausmittel, das Ihnen auf keinen Fall zu hoch hängen darf, wenn Sie auf Entschlackung und Entgiftung Wert legen – die Trauben. Die Herbst-Kur mit drei Pfund Trauben am Tag im sonnigen Meran konnten sich früher nur Wohlhabende leisten. Heute werden Trauben wenigstens sechs Monate im Jahr auf den Märkten angeboten. Sie sind für jeden erschwinglich – und sinnvoller denn je. Jede einzelne Beere ist reich an Vitaminen und Wirkstoffen, besonders an Phosphor und Kalium. Trauben erleichtern Leber und Galle die Arbeit. Aber am stärksten profitieren die Nieren von jeder Traube, die Sie sich und Ihrem Wohlbefinden gönnen. Der Traubensaft erhöht die Menge der Flüssigkeit, die die Nieren durchspült. Das reduziert das Niveau der Harnsäure und beschleunigt ihr Ausscheiden. Wenn Sie Trauben mögen, sollten Sie statt der drei Hauptmahlzeiten je ein Pfund Trauben essen. Aber auch zusätzlich zu Ihren Mahlzeiten sind sie zu empfehlen. Sie dürfen sich dabei vorstellen, daß so ein Trauben-Tag den Organen an der Giftfront hilft, das Blut zu reinigen und den Ernährungskanal zu säubern.

Waschen Sie die Trauben vorher gründlich in warmem Wasser ab und spülen Sie mit kaltem mehrmals nach. Denn nicht nur ihr Saft ist gefragt, sondern auch ihre Haut.

Viele Menschen glauben, daß die sogenannten Ballaststoffe ihren Körper nur belasten. Gerade das Gegenteil ist der Fall: Die Rohfasern in unserer Nahrung entscheiden über Gesundheit und Krankheit, bis hin zum Krebs. In diesem Sinne sind Trauben doppelt nützlich. Sie spülen uns durch und fegen uns aus.

Rohfasern sind im wesentlichen der Stoff, aus dem die Zellwände der Pflanzen bestehen. Unser Verdauungssystem kann sie nicht verwerten. So wie wir sie schlucken, scheiden wir sie aus. Doch auf dem Weg durch Magen und Darm erfüllen die Rohfasern unschätzbare Dienste.

Der Hauptteil unseres Essens besteht aus zellulosearmen Nahrungsmitteln: Weißbrot, Kuchen, Teigwaren, Fleisch, Eier und Käse. Sie verwandeln sich schnell in eine klebrige Masse, die jede Darmwindung auskleidet. Erst die Ballaststoffe sind es, die diesen Brei lockern und kneten, so daß er sich leichter weiterbefördern läßt. Je mehr Flüssigkeit während der Verdauung der Nahrung entzogen wird, um so stärker schrumpft sie zusammen und um so schlechter läßt sie sich transportieren. Rohfasern wirken dem entgegen. Sie besitzen eine hohe Quellfähigkeit. Sie saugen sich mit Wasser voll, vergrößern den Darminhalt und drängen ihn immer stärker nach draußen. Diese beschleunigte Müllabfuhr kann vor Verstopfung und Darmentzündung bewahren, vielleicht sogar vor Krebs.

Im Auftrag der Amerikanischen Krebs-Gesellschaft hat ein Forscherteam des John-Hopkins-Instituts unter Leitung von Dr. Albert Mendeloff nachgewiesen, daß Ballaststoffe sowohl die Menge krebserregender

Substanzen im Darm herabsetzen als auch die Zeit, in der sie Schaden anrichten können. Gleichzeitig werden Umweltgifte, Insektizide und Medikamentenrückstände wie von einem Schwamm aufgesogen. Dabei erwischen die winzigen Rohfasern in jeder Windung des Darms auch die Fettreste Ihres Steaks von gestern abend, und Sie können sicher sein, daß dieses Fett nicht mehr Ihre Blutbahn erreicht oder Ihre Adern verstopft.

Fünf Gruppen von Rohfasern machen sich für Sie nützlich, jede auf ihre Art. Zellulose und Semizellulose wirken hauptsächlich durch ihre Quellfähigkeit. Sie kommen reichlich im Vollkorn, im Apfel, in der Karotte, im Broccoli, im Kohl und in den Bohnen vor. Dann gibt es gummi- und schleimartige Substanzen, die ebenfalls unverdaut bleiben. Sie verbinden sich mit Säuren, mit Fetten, aber auch mit Giften. Sie überziehen die Schleimhäute mit einem chemischen Schutzfilm. Gleichzeitig fördern diese Substanzen – sie heißen Mucilage – die Entstehung von Bakterien, die Gifte neutralisieren und abbauen können. Sie kommen in allen Getreidesorten vor sowie im Naturreis und in den Bohnen. Mit Abstand am reichlichsten sind sie jedoch im Haferkorn enthalten. Es gibt deshalb im Kampf gegen Umweltgifte kein besseres Frühstück als ein Haferflocken-Müsli und einen Apfel. Denn das Pektin des Apfels wirkt ganz ähnlich und stellt die vierte Gruppe der Ballaststoffe, die hochaktiv wirken und unverändert wieder ausgeschieden werden. Pektin kommt außer im Apfel, auch in Kartoffeln, Zitrusfrüchten, Bohnen, Karotten, Erdbeeren und im Kohl vor. Die fünfte Gruppe heißt Lignin. Wenn ein Kohlrabi längere Zeit liegenbleibt und schon holzig schmeckt – ist er ligninhaltig. Lignin entwickelt in unserem Ernährungstrakt gewisse günstige chemische Eigenschaften, weil es sich zum Beispiel mit Giften verbindet. Aber vor allem wirkt Lignin mechanisch. Es treibt den Nahrungsbrei durch den Körper.

Lignin ist in Getreiden, Birnen, Erdbeeren und in älterem Gemüse reichlich enthalten.

Dr. Albert Mendeloff vom John-Hopkins-Institut und Dr. James Zavoral von der Universität Minnesota haben neue Empfehlungen für die Menge an Ballaststoffen errechnet, die wir täglich aufnehmen sollten. Im Durchschnitt essen die Amerikaner zehn bis zwanzig Gramm Rohfasern am Tag, und bei uns sind es kaum mehr. Angesichts der großen Chance, Gifte bereits im Darm aufzusaugen, empfiehlt Professor Mendeloff 25 Gramm als tägliche Mindestmenge. Dreißig bis 60 Gramm wären ideal. Es gibt Naturvölker, die bis heute viele alte Ernährungsgewohnheiten beibehalten konnten. Sie kommen auf etwa 60 Gramm Rohfasern pro Tag. Diesen Menschen sind viele Formen der Krebserkrankung, Herzprobleme, Darmleiden und Diabetes weitgehend unbekannt. Sechzig Gramm Rohfasern sind für uns fast unerreichbar. Bedenken Sie, daß eine Scheibe Vollkornbrot nur zwei Gramm enthält, ein Apfel drei und eine Tasse Müsli ganze sechs Gramm. Dennoch lohnt sich jeder Löffel Haferflocken, jeder herzhafte Biß in einen Apfel, jedes Gemüse auf Ihrem Teller. Sie erzielen doppelten Nutzen. Sie erleichtern und beschleunigen die Abwehr der Gifte – statt sie mit jedem Stück Torte, mit jeder Scheibe Fleisch und mit jedem verfeinerten Nahrungsmittel zu verzögern. Und je mehr Sie aus der einen Gruppe essen, desto weniger essen Sie aus der anderen.

Auch rote Bete besitzt Inhaltsstoffe, die bei der Giftabwehr des Körpers von Nutzen sind. Sie ist reich an Kalium, Kalzium, Phosphor, Schwefel, Jod, Eisen und Kupfer, bis unter ihre wasserdichte Haut ist sie mit wertvollen Vitaminen und aktiven Enzymen angefüllt. Sie alle zusammen fördern die Verdauung und die Entwässerung. Unsere Vorfahren aßen rote Bete wenigstens einmal in der Woche aus dem eigenen Garten.

Eine Frage, die alle bewegt und die vor allem die

Bio-Läden so rentabel macht, lautet: Wo bleiben denn all die Schadstoffe, die aus Auspuffrohren und Fabrikschloten auf unsere Umwelt niedergehen? Ist die Pflanzenkost inzwischen nicht schon zu stark mit Umweltgiften belastet?

Die größte Sorge gilt den Schwermetallen Blei, Quecksilber und Cadmium, denn sie sind aus unserem Leben leider nicht mehr zu verbannen. Wie beeinflussen sie die Qualität all dessen, was unter freiem Himmel wächst und gedeiht?

Bleimoleküle sind vor allem in den Abgasen der Autos und der Industrie enthalten. Die weitaus größte Aufnahme von Blei findet über die Lunge statt – indem wir verseuchte Luft einatmen. Nur fünf Prozent gelangen über die Nahrung in unseren Körper. Diese fünf Prozent lassen sich leichter abwehren als die Bedrohung unserer Gesundheit durch Schadstoffe in der Luft. Wir wissen heute, daß Blei konzentriert im Obst und Gemüse aus stark belasteten Gegenden gefunden wird, ebenso an Verkaufsständen entlang stark befahrener Straßen. Eigenartigerweise sind Petersilie und Spinat besonders anfällig für Blei. Die meisten dieser Schwermetallmoleküle bleiben jedoch an der Oberfläche pflanzlicher Produkte haften. Durch gründliches Waschen, erst lauwarm, dann kalt, wird bereits mehr als die Hälfte wieder entfernt. Bei Salat- und Kohlköpfen schützen die Deckblätter den übrigen Teil vor Vergiftung. Es empfiehlt sich in jedem Fall, sie zu entfernen. So verliert das Schwermetall Blei einen großen Teil seiner Gefährlichkeit für unsere Nahrung.

Quecksilber ist das Abfallprodukt zahlreicher industrieller Prozesse. Meist gelangt dieses Gift direkt oder indirekt in unsere Gewässer. In der Pflanzenwelt werden vor allem wildwachsende Pilze davon bedroht. Von Riesenchampignons, Anisegerlingen und Schafegerlingen sollten wir laut einer Empfehlung des Bundesgesundheitsamtes nicht mehr als 200 bis

250 Gramm pro Woche zu uns nehmen. Noch besser ist ihr Ersatz durch Zuchtpilze.

Zu den für Umwelt und Nahrung gefährlichsten Schadstoffen gehört das Schwermetall Cadmium. Es spielt in vielen industriellen Fertigungsverfahren eine Rolle, und es bedroht unsere Gesundheit doppelt: Bei der Herstellung zahlreicher Produkte und bei deren Beseitigung. Wer zum Beispiel alte Batterien in den Haushaltsmüll wirft, macht sich mitschuldig, wenn Cadmium über die Müllverbrennung wieder in die Umwelt befördert wird.

Bedrohlicher ist das Risiko, das wir mit dem täglichen Fleischkonsum eingehen. Schwermetalle werden vor allem von den Entgiftungsorganen Leber und Niere sowie im Gehirn von Tier und Mensch gespeichert. Es bedroht demnach Schlachttiere gleichermaßen.

Wenn von Gift die Rede ist, das Schlachttiere – und damit auch Menschen – bedroht, dann geht die größte Gefahr für unser Wohlbefinden nicht von Schwermetallen aus, die auf irgendwelchen Umwegen im Fleisch der Tiere landen, sondern es sind Futterzusätze, Chemikalien und Medikamente, die in der Intensivhaltung heute für schnelle Schlachtreife sorgen sollen. Aus Ferkeln werden heute in nur drei Monaten dralle Schweine. Hennen legen 280 Eier im Jahr. Das sind enorme Zuchtleistungen, die sich leider nicht von selber einstellen.

Die Zeiten, in denen die Bäuerin ihr Ferkel mit gekochten Kartoffeln und einem Sud aus Kleie aufgepäppelt hat, sind natürlich vorbei. Der Züchter mischt heute seinen Schweinen Stärke, Eiweiß, Rohfasern und Mineralstoffe in den Trog. Wie das Futter, so ist auch das Tier selbst nicht mehr wiederzuerkennen. In den fünfziger Jahren hatte das Schweinekotelett eine Magerfleischfläche von 25 Quadratzentimetern. Dazu kam eine Fettschicht von viereinhalb Zentimetern Dicke. Das Schwein unserer Tage hat nur noch eine

Speckschicht von zweieinhalb Zentimetern, dafür weist das moderne Kotelett 45 Quadratzentimeter mageres Fleisch auf. Auf den ersten Blick eine großartige Veränderung: 80 Prozent mehr Fleisch. Leider ist bei der Verwandlung von Fett in Fleisch die Gesundheit der Schweine auf der Strecke geblieben. Das Herz zum Beispiel ist so klein oder groß wie eh und je – doch muß es heute 60 Prozent mehr Fleisch durchbluten als früher. Das bringt diese bedauernswerten Tiere ständig in die Nähe eines Kreislaufkollaps. Doch Streßanfälligkeit bedroht den Profit. Der Züchter kommt nur dann auf seine Rechnung, wenn er mit hochwirksamen Zusätzen nachhilft. So gelangen Hormone, Antibiotika und Chemikalien in unseren Braten. »Nutritiver Einsatz von Arzneimitteln« heißt diese Methode. Sie beginnt am ersten Lebenstag des Tieres und hört erst auf der Fahrt in den Schlachthof auf. Was für das Schwein gilt, gilt für die Hühner und das übrige Schlachtvieh genauso. Es muß nicht betont werden, daß es sich hier um die Verfütterung von Arzneimitteln handelt, die für Tiere, nicht für Menschen entwickelt wurden und in der Humanmedizin nicht vorgesehen sind. Doch ein Teil dieser Arzneimittel landet auf unseren Tellern. Zwar regeln strenge Bestimmungen den Umgang mit Medikamenten in der Tiermedizin. Der Landwirt darf die Zusätze nicht selber dem Futter beimengen. Ein Tierarzt schreibt ihm ein Rezept aus, und ein streng kontrollierter Futtermittelbetrieb liefert die vorgeschriebene Mischung. Allerdings darf der Tierarzt dem Tierhalter Medikamente zur zusätzlichen Behandlung überlassen. Wenn der Tag des Schlachtens gekommen ist, erhöht sich die Streßanfälligkeit: Die Tiere wittern die Gefahr. Aber es gibt ja auch für sie Beruhigungsmittel ... So pulsieren in ihrem Körper Medikamente buchstäblich bis zum letzten Atemzug.

Nur ein verschwindend geringer Prozentsatz des Schlachtviehs wird auf chemische Rückstände hin untersucht. Bei Kälbern ist es jedes fünfzigste, bei Rindern und Schweinen jedes hundertste. Nach Östrogenen forscht man nur in jedem zweihundertfünfzigsten Kalb. Herz, Nieren, Leber und Lunge gelten als die Anzeigeorgane für Krankheiten der Tiere. Das Aufspüren von Schwermetallen wird nur stichprobenartig versucht. Die Kontrollbehörden verfügen heute über Geräte, die selbst noch ein Millionstelgramm einer verbotenen Substanz aufspüren können. Sie könnten noch in 100 000 Tonnen Fleisch ein einziges Gramm Östrogen nachweisen. Doch so ein Gerät kostet eine halbe Million Mark. Und da liegt das Problem; denn wirksamere Kontrollen verteuern das Fleisch.

Viele Landwirte würden lieber mit weniger Chemie im Futter auskommen. Aber einem Verbot stimmen sie nur dann zu, wenn künftig auch in anderen Ländern strengere Grundsätze gelten würden. Denn unser Fleisch kommt ja nicht nur aus deutschen Landen auf den Tisch. Doch auch bei den Tierhaltern wächst das Unbehagen über die heutigen Zuchtgewohnheiten. Extreme Leistungen haben nicht nur Vorteile. Die Tiere werden immer anfälliger, das Fleisch schmeckt immer weniger. Manche Produzenten verzichten freiwillig auf einen Teil der Zusätze, die sie verwenden dürften, und bringen lieber etwas weniger, dafür qualitativ besseres Fleisch auf den Markt. Und immer mehr Konsumenten sind bereit, für ein gutes Stück Fleisch einen höheren Preis zu zahlen.

Vor 50 bis 60 Millionen Jahren hat der Mensch sein Dasein als Pflanzenfresser begonnen. Unsere Vorfahren lebten in den Bäumen und ernährten sich von Blättern, Blüten und Trieben. Eiszeiten drängten den Urmenschen in die tropischen Urwälder oder in die Steppe ab. An der weiterentwickelten Schädelform und am vergrößerten Gehirn können wir erkennen, daß es der Steppenmensch war, der auf das Fleisch gekommen ist. Das geschah vor etwa 15 Millionen Jahren. Seitdem ist das Eiweiß der Tiere der wichtigste Baustoff des menschlichen Körpers. Eiweiß ist die

Basis jeder Zellerneuerung. Allein unser Gehirn verbraucht in einer einzigen Nacht 40 Gramm Eiweiß. Die Zellen der Leber erneuern sich alle zehn Tage. Ohne das Eiweiß der Jagd- und Schlachttiere hätte die Geschichte des Menschen einen anderen Verlauf genommen. Der Genuß des Fleisches von mühsam und mutig erlegten Tieren war immer auch mit einer Faszination verbunden: der Jagdleidenschaft. Der siegreiche Jäger hatte das mythische Gefühl, mit der Beute auch die Kraft, den Mut, die Schnelligkeit des erlegten Tieres in sich aufzunehmen. Und geschmeckt hat es ihm obendrein!

Diese für den Menschen so nützliche Beziehung zum Tier wird weiter bestehen. Doch einige Veränderungen sind unausweichlich. Wir dürfen den Konsum von Fleisch nicht weiterhin so steigern wie in den vergangenen Jahrzehnten. Denn nur jenes Eiweiß, das wir für die tägliche Erneuerung, die stete Reparatur unserer Körperzellen benötigen, leistet auch einen Beitrag zur Entgiftung des Körpers. Dafür reicht etwa ein Gramm pro Kilo Körpergewicht aus, also 60 bis 80 Gramm täglich. Was darüber hinausgeht, ist wegen seiner nahezu unvermeidlichen Belastung mit Umweltgiften, Futterzusätzen, Antibiotika und Beruhigungsmitteln auch für unsere Organe eher Belastung. Mit dem Verzicht auf den Genuß von Innereien, auf Leber, Nieren und Hirn ist es nicht getan. Ultragifte unserer Umwelt, aber auch Insektizide setzen sich außerhalb der Entgiftungsorgane unserer Schlachttiere ab. Es sind im wesentlichen fettlösliche Substanzen, die die Schleimhäute und Schutzmembranen mühelos passieren. Bei vielen Tierversuchen waren diese Schadstoffe bereits in der äußeren Haut, in den Schleimhäuten und vor allem im Fettgewebe eingelegt. Wissenschaftler verstehen unter Fettgewebe nicht nur jene Fleischteile, die wir mit bloßem Auge als Fett erkennen und mit dem Messer mühelos wegschneiden könnten. Es handelt sich hier auch um sogenannte lipoidreiche Strukturen im Körper der Tiere und des Menschen. Aus ihnen besteht in der Hauptsache das Nervensystem, aber auch viele Membranen und Hüllen, die wir im übrigen Gewebe und in einigen Organen wie Lunge und Herz wiederfinden, in den meisten Drüsen, im Knochenmark und im gesamten Immunsystem. Gelangen solche Schadstoffe über die Nahrungskette in unseren Körper, reagiert das funktionelle System unserer Organe darauf bereits weit unterhalb der Grenzen ihrer Nachweisbarkeit. Zwar können einige wenige Speziallabors heute Konzentrationen von einem Mikrogramm Gift auf eine Tonne sicher ermitteln. Das ergibt die Maßeinheit 1 ppb – einen Teil auf eine Billion Teile. Dieser Relation entspricht in der Bundesrepublik die derzeitige Dioxin-Konzentration in der Muttermilch. Aber es ist nachgewiesen, daß Fischeier bereits auf 0,1 ppb Giftbelastung reagieren.

Von den meisten Giften wissen wir nicht, woher sie kommen und worin sie enthalten sind. Was wir wissen, ist, daß unser Organismus über wirksame Abwehrstrategien gegen Gifte verfügt. Und wir wissen auch, wie wir den Organen dabei helfen können: eher mit den entschlackenden, entwässernden und entgiftenden Kräften der Pflanzenkost als mit einem üppigen Braten.

Schadstoffe erreichen den Menschen auf vielen Wegen: über die Luft, mit dem Wasser, durch die Nahrung. Am Ende der Nahrungskette Pflanze-Tier-Mensch ist die Konzentration an Giften stärker als an ihrem Anfang. Das hängt mit der schlechten Abbaufähigkeit dieser Stoffe zusammen. Viele Menschen stellen die Frage: Wie sauber ist eigentlich noch die Pflanzenwelt? Doch diese Frage ist von theoretischer Bedeutung. Tiere entgehen der Umweltvergiftung genausowenig wie Pflanzen. Doch wenn wir ihr schadstoffbelastetes Fleisch verzehren, essen wir zusätzlich die Gifte mit, die sie mit ihrem Futter aufgenommen haben.

Muttermilch, das Lebensmittel, das der Mensch an die nächste Generation weitergibt, ist das Ende der Nahrungskette. Untersuchungen der Muttermilch sind deshalb besonders aufschlußreich – und alarmierend. The New England Journal of Medicine berichtete 1981 von einem Vergleich der Schadstoffe in der Muttermilch von Frauen, die normale Eßgewohnheiten haben, mit jener von Vegetarierinnen. Es handelte sich um zwölf Mitglieder einer Religionsgemeinschaft, die auf den Konsum von Fleisch, Fisch, Eiern, Milch und Milchprodukten verzichtet hat. Zum Zeitpunkt der Untersuchung währte der Verzicht unterschiedlich lang. Zwischen einem Jahr und neun Jahren. Je länger sich die Testpersonen bereits vegetarisch ernährten, desto weniger war ihre Milch mit Umweltgiften wie DDT, Dieldrin und PCB belastet. Als die Wissenschaftler die gewonnenen Werte mit dem Ergebnis von Untersuchungen der Milch von Frauen aus der amerikanischen Durchschnittsbevölkerung verglichen, waren sie geschockt. Die Milch der Vegetarierinnen enthielt bis zu hundertmal weniger Umweltgifte.

Damit wir unser Fleisch auch weiterhin ohne Schaden für unsere Gesundheit genießen können, müssen wir mehr Gewicht auf Qualität als auf Quantität legen. Falls Sie auf die Wurst zum Frühstück, das Schnitzel am Mittag und den Schinken am Abend nicht verzichten können, sollten Sie einmal eine besondere Form der Entgiftung in Erwägung ziehen: die Fastenkur. Dieser Verzicht ist ein Gewinn.

Entgiften durch Fasten

Warum der Pharao einen »Hüter der königlichen Darmöffnung« brauchte – Verstopfung: nicht nur eine Zivilisationskrankheit – Der Unfug mit den Abführmitteln – Immer häufiger: Salmonellenvergiftung – Heilfasten: eine Operation ohne Messer

Das, was unsere Großeltern in dem Häuschen mit dem herausgesägten Herzen verrichteten und wir möglichst diskret und mit sehr viel Wasserspülung hinter uns bringen, war zu Vorzeiten eine vielbeachtete, oft sogar offizielle Angelegenheit.

Im alten Ägypten zum Beispiel gab es einen Gott, der für regelmäßige Darmentleerung sorgen sollte. Sein Name war Thot. Jeden Morgen, wenn der Pharao, der Herr von Ober- und Unterägypten, auf seinem Thron saß, nicht auf dem goldenen im Prachtsaal seines Palastes, sondern auf jenem, den wir als »Örtchen« bezeichnen, dann beteten die Herren seines Hofstaates, Thot möge dem Herrscher Erleichterung bescheren.

Wenn der Gott sie nicht erhörte, dann sollte ein Vermittler ihn gnädig stimmen. Einer der höchsten Beamten des Landes, der »Hüter der königlichen Darmöffnung« wurde gerufen. Er betete auch. Aber allein auf Thot mochte sich der Würdenträger nicht verlassen. Er kannte Mittel und Manipulationen, die seinem Herrn zur morgendlichen Entleerung verhalfen. In dem ältesten Dokument, das uns aus Ägypten überliefert ist, dem Papyrus Ebers, stehen Hunderte von Anweisungen, die sich mit der Regulierung des Stuhlgangs beschäftigen.

Was uns außer dem Anekdotischen aus dieser jahrtausendealten Geschichte interessiert, ist die Tatsache, daß man die herausragende Bedeutung des Darms für die menschliche Gesundheit schon im Altertum kannte und daß chronische Verstopfung durchaus keine Zivilisationskrankheit ist.

Aus alten Unterlagen geht klar hervor, daß Verdauungsstörungen die Ärzte mehr beschäftigten als alle anderen Krankheiten. Jahrhundertelang war die Medizin in erster Linie eine »Verdauungsmedizin«.

Daß sie in unserer Zeit nicht mehr in diesem Maße im Mittelpunkt des ärztlichen Bemühens steht, hat weniger mit einem Rückgang dieser Beschwerden zu tun, als vielmehr mit dem Ansteigen jener Krankheiten, die durch die zunehmende Lebenserwartung des Menschen begünstigt werden.

Man schätzt, daß heutzutage etwa drei Millionen Bundesbürger an chronischer Verstopfung leiden. Der jährliche Umsatz an Abführpräparaten beträgt rund 80 Millionen Mark. 60 Prozent jener Patienten, die wegen Magen- und Darmbeschwerden zum Arzt gehen, leiden an dem sogenannten irritablen Kolon-Syndrom. Darunter versteht man Schmerzen im Bauch, die durch einen häufigen Wechsel zwischen Verstopfung und Durchfall hervorgerufen werden. 75 Prozent der Patienten sind Frauen.

Um zu wissen, was unserem Darm nützt oder schadet, welche Störungen er haben kann und wie sie sich äußern, sollten wir einiges über ihn und seine Tätigkeit wissen. Unser Darm besteht aus dem sogenannten Zwölffingerdarm, dem Dünndarm und dem Dickdarm.

Der Zwölffingerdarm schließt sich unmittelbar an den Magen an. Sein Name stammt noch aus dem Mittelalter. Damals wurden Maße nach Fingerbreiten berechnet. Der Zwölffingerdarm ist etwa so lang wie zwölf Finger breit sind. Er neutralisiert die Salzsäure, mit der die Nahrung im Magen vermischt worden ist, indem er ihr alkalische Verdauungssäfte hinzufügt. Andere Säfte kommen aus Magen und Galle.

An den Zwölffingerdarm schließt sich der Dünndarm an. Er ist etwa fünf Meter lang und vielfach gewunden. Seine Beweglichkeit sorgt für eine intensive Mischung des Speisebreis. In ihm wird der Hauptteil der Nährstoffe absorbiert. Das heißt: Sie werden an das Blut und die Lymphe abgegeben.

Der Dünndarm geht in den etwa 1,30 Meter langen Dickdarm über. Von ihm zweigt der Blinddarm ab, an dessen unterem Ende der Wurmfortsatz (fälschlicherweise als »Blinddarm« bezeichnet) sitzt. Der Dickdarm verwertet die im Dünndarm nicht verdauten Nahrungsreste und transportiert sie weiter. Bei dieser Aufgabe des Entgiftens und Ausscheidens helfen ihm Milliarden von Bakterien, die sogenannte Darmflora. Der unterste Abschnitt des Dickdarms, der Mastdarm, mündet in den After.

Schon im Mittelalter wußten die Ärzte: Ist der Darm gesund, ist der ganze Mensch gesund. Die Gesundheit des Darms aber wird von einer ganzen Reihe von Störungen und Krankheiten bedroht. In schlimmsten Fällen kann sie zu einer Vergiftung des gesamten Stoffwechsels führen.

Die häufigste Störung ist die Verstopfung. Darunter versteht man eine beschwerliche Entleerung des Darms, die nicht selten nur noch durch künstliche Nachhilfe möglich ist. Frauenärzte berichten, daß rund 75 Prozent ihrer Patientinnen über 40 an Verstopfung leiden.

Der gesunde Mensch hat einmal täglich eine relativ weiche Stuhlentleerung von einem Gewicht zwischen 150 und 200 Gramm. Bei Naturvölkern, die erheblich ballastreichere Kost zu sich nehmen, sind es etwa 450 Gramm.

Wenn die Nahrungsschlacken länger als 24 Stunden im Darm bleiben, ist das ungesund. In diesem Fall wirken die Giftstoffe in den Ausscheidungsprodukten zu lange auf die Darmflora ein. Sie kann dadurch gestört werden und entarten.

Es gibt zwei Arten von Verstopfung: Eine plötzlich auftretende, die ein Warnzeichen für andere Krankheiten sein kann, zum Beispiel der Harnwege oder der Geschlechtsorgane. Meist jedoch handelt es sich um eine Darmträgheit.

Darmträgheit hat in der Regel drei Ursachen. Mangel an Bewegung, Mangel an schlackenreicher Kost oder Angst.

Diese Angst ist dem Patienten oft gar nicht bewußt. Es ist ein bestimmter Typ, der dazu neigt. Meist sind es Menschen, die überfordert sind, die sich zu einer Leistung zwingen, der sie sich nicht gewachsen fühlen. Auch die Angst, den Partner zu verlieren, übergroße Sparsamkeit und Ordnungsliebe sind typische Eigenschaften von Patienten, die an Verstopfung leiden.

Unsere Großeltern hatten ein erprobtes Mittel dagegen: einen Löffel Rhizinusöl. Er verhalf innerhalb von 90 Minuten zu sicherem »Erfolg«. Aber damit war das Leiden keineswegs beseitigt. Im Gegenteil: drastische Abführmittel schaden dem Darm. Auch die modernen, milderen Mittel, die zur Entschlackung führen, sind keinesfalls ungefährlich. Indem sie dem Darm die Arbeit abnehmen, machen sie ihn noch träger. Einige dieser zum Teil rezeptfreien Präparate bringen die für den Stoffwechsel notwendigen Spurenelemente aus dem Gleichgewicht. Die Darmflora kann geschädigt werden. Das verursacht womöglich Entzündungen, manchmal Geschwüre. Andere Abführmittel können das Blut verarmen, statt es zu reinigen.

Welcher Unfug mit Abführmitteln getrieben wird, bezeugte Professor Dr. Viktor Tobiasch, der auf einem Kongreß in Neutrauchburg/Baden über Patienten berichtete, die im Monat bis zu 100 verschiedene Medikamente gegen Verstopfung einnehmen.

Die natürlichsten und hilfreichsten Mittel sind schlackenreiche Kost: Vollkornbrot, Obst, Salate,

Müsli, saure Milch, Joghurt, und Bewegung: Spazierengehen, Gymnastik, leichter Sport. Damit bringt der Patient nicht nur sich selbst, sondern auch seinen Darm in Schwung.

Das Gegenteil der Verstopfung, der Durchfall, kann ebenfalls seelisch bedingt sein. Es gibt Menschen, denen schlägt alles auf den Magen. Andere reagieren auf Angst, Schreck, Freude oder Aufregung mit plötzlicher Darmentleerung. Das ist meist eine vorübergehende Erscheinung, die mit der Zurückgewinnung des seelischen Gleichgewichts wieder verschwindet.

Aber akute Durchfälle können auch andere Ursachen haben: Infektionen durch Viren oder Bakterien, Allergien gegen bestimmte Nahrungsmittel, Mißbrauch von künstlichen Abführmitteln, Giftstoffe in der Nahrung, akute und chronische Entzündung des Dünn- oder Dickdarms.

Bei der sogenannten Darmgrippe, einer Virusinfektion, kommen zu Durchfall und Erbrechen noch die üblichen Grippesymptome: Kopfweh, Fieber, Muskelschmerzen.

In zunehmendem Maße werden Lebensmittelvergiftungen durch Salmonellen verursacht. Die Träger dieser Bakterien sind Fleisch, Eier und Geflügel. Zwischen 1965 und 1982 hat sich die Zahl der gemeldeten Salmonellenvergiftungen verzehnfacht. Schuld an dem Ansteigen der Krankheit, die zu Kopfschmerzen, Durchfällen, Erbrechen, Bauchschmerzen und in schwersten Fällen sogar zum Tod führen kann, ist mit hoher Wahrscheinlichkeit die Intensivhaltung der Schlachttiere. In einem Betrieb, in dem 25 Hähnchen auf einem Quadratmeter, insgesamt 100 000 bis 200 000 Tiere, gehalten werden, ist die Verbreitung der Bakterien kaum zu vermeiden. Beim Rind- und Schweinefleisch, so stellte das Institut für Lebensmittelhygiene in Berlin fest, war die Hälfte aller Fleischproben mit Salmonellen verseucht. Selbst der massierte Einsatz von Antibiotika hilft nur unzureichend, denn inzwischen ist eine große Anzahl von Bakterienstämmen resistent geworden. Die befallenen Tiere jedoch zeigen keine Krankheitserscheinungen. Der Verbraucher kann sich sein Brathähnchen oder sein Schnitzel trotzdem schmecken lassen, denn beim Erhitzen des Fleisches werden die Bakterien abgetötet.

Man kann sich jedoch bei der Zubereitung des rohen Fleisches infizieren. Die Arbeitsplatte und die Hände müssen gründlich gereinigt werden. Auch das Tropfwasser vom Gefriergeflügel im Kühlschrank muß sorgfältigst entfernt werden. Die Symptome einer Salmonellenvergiftung treten etwa zwölf Stunden nach der Infektion auf.

Die Diagnose wird nach einer Stuhluntersuchung gestellt. Die Behandlung richtet sich nach der Ursache der Erkrankung. Im allgemeinen wird der Arzt Bettruhe, Diät, feuchtwarme Leibumschläge, Kohle, Antiseptika zur Desinfektion und Mittel zur Stärkung des Kreislaufs verordnen.

Chronischer Durchfall kann viele Ursachen haben: Entzündungen des Dickdarms, Erkrankungen von Leber und Bauchspeicheldrüse, Schleimhautentartung und Darmkrebs.

Auch ein nervöser Darm ist nur schwer einzuordnen. Klinische Untersuchungen bleiben zumeist ohne Befund. Im allgemeinen führen seelische Ursachen zu Verstopfungen mit abwechselnden Durchfällen. Die Patienten, die darunter leiden, weisen meist Symptome einer allgemeinen Labilität auf: Müdigkeit, Leistungsschwäche, Kopfschmerzen, Schlaflosigkeit, manchmal auch Herzbeschwerden.

Die Behandlung ist schwierig. Erfolgreich ist sie meist nur, wenn der Arzt den Patienten über die Ursache der oft recht schmerzhaften Beschwerden aufklärt und ihm hilft, die Konflikte zu lösen.

Auch bei Entzündungen, von denen sowohl der Dünndarm als auch der Dickdarm betroffen sein kann, vermutet man seelische Ursachen: Verdrängte Aggressionen, die sich nach innen richten und die Abwehrkraft gegen Bakterien und Gifte schwächen. Die Krankheit tritt meist zwischen dem 30. und 40. Lebensjahr auf. Sie verursacht durch Anschwellen der gesamten Darmwand Durchfall, Fieber und Schmerzen im rechten Oberbauch.

Cortisonpräparate können lindern, aber nicht heilen.

Auch bei der geschwürigen Dickdarmentzündung scheint die Persönlichkeitsstruktur des Betroffenen eine ausschlaggebende Rolle zu spielen. Es leiden mehr Männer als Frauen darunter. Meist im Alter zwischen 30 und 50 Jahren. Sie weisen häufig bestimmte charakterliche Übereinstimmungen auf: mangelndes Selbstwertgefühl, übertriebenes Reinlichkeitsbedürfnis, Unentschlossenheit, Lebensangst. Die Symptome sind: häufige Stuhlentleerungen mit Schleim, Eiter und Blut. Kommt die Entzündung nicht zum Abklingen, kann Krebs daraus entstehen. Die größte Aussicht auf Erfolg hat die Behandlung durch einen Psychotherapeuten.

Eine weitere recht häufig vorkommende Darmerkrankung, von der hauptsächlich Frauen und Männer, die einen sitzenden Beruf ausüben, betroffen werden, sind Hämorrhoiden des Afters. Sie können innen, unter der Schleimhaut des Mastdarms oder außerhalb des Afters liegen.

Wenn sie sich entzünden, empfindet der Patient Schmerzen, die so unerträglich werden können, daß ihm das Sitzen Beschwerden bereitet. Helles Blut im Stuhl ist ein Zeichen dafür, daß in der Schleimhaut kleine Risse entstanden sind.

Man schätzt, daß 60 Prozent der Bundesbürger an Hämorrhoiden leiden. Man nennt sie auch die »Krampfadern des Darms«. Die Krankheit – nicht das Leiden selbst – ist anlagebedingt. Es wird auf die Schwäche des Bindegewebes zurückgeführt. Alles, was den Druck in den schwachen Aderwänden erhöht,

Fettleibigkeit, Verstopfung, Schwangerschaft, kann zur Bildung von Hämorrhoiden führen.

Wie verbreitet dieses Leiden ist, beweist die Tatsache, daß es mehr als 150 verschiedene Salben, Zäpfchen, Tabletten, Tees, Ampullen und Dragees gegen Hämorrhoiden gibt. In schweren Fällen wird der Arzt die Knoten durch Einspritzen einer speziellen Flüssigkeit veröden. Nur bei massivem Vorfall und starken Blutungen entschließt sich der Chirurg zur Operation. Dabei entfernt er entweder die erweiterten Venengeflechte im Darm oder er unterbindet die Zuflüsse unmittelbar hinter dem Knoten.

In den meisten Fällen aber wird man die Hämorrhoiden wieder los, wenn man die Darmtätigkeit anregt. Das heißt: schlackenreiche Kost essen und sich viel bewegen.

Der berühmte russische Gerontologe und Bakteriologe Ilja Metschnikow, der 1908 mit dem Nobelpreis ausgezeichnet wurde, glaubte, ein zwar radikales, aber dafür garantiert wirksames Mittel gegen Darmerkrankungen gefunden zu haben. Er befaßte sich mit dem Gedanken, den Dickdarm einfach herauszuschneiden.

Metschnikow hielt ihn für die Ursache des Alterungsprozesses. Der Dickdarm, so meinte er, sei nicht imstande, die in ihm produzierten Gifte zu zerstören oder auszuscheiden. Die bakteriellen Fäulnisprozesse würden nach und nach alle anderen Organe vergiften und den Menschen vor der Zeit umbringen.

Metschnikow bezeichnete den Dickdarm als ein überflüssiges, ja schädliches Organ. Wenn man es nicht loswerden könne, so müsse man zumindest ungeheure Mengen Joghurt essen, um mit dem darin enthaltenen Lactobazillus das Gift im Darm zu bekämpfen.

Was Metschnikow nur in Erwägung zog, setzte der englische Chirurg Sir William Arbuthnot Lane in die Tat um. Er hatte Metschnikows Arbeiten gelesen, und für ihn waren sie der Stein des Weisen.

Sir William war alles andere als ein Scharlatan. Am »Guy's Hospital« in London hatte er die Stahlschrauben zur Einrichtung von Knochenbrüchen, die Operationsmäntel, -masken und -hauben, die heute von Ärzten in aller Welt getragen werden, eingeführt.

Allen Patienten, die an Verstopfung litten, schnitt er rasch und kunstfertig den Dickdarm heraus. Zwischen 1903 und 1938 veröffentlichte er ungezählte Schriften über chronische Darmverstopfung. Und je älter er wurde, desto mehr festigte sich in ihm die Überzeugung, daß der Darm die Wurzel allen Übels sei. Krebs, Rheuma, Gallenleiden, Lebererkrankungen, Kopfschmerzen? Der Darm war schuld.

Man schätzt, daß William Arbuthnot Lane Tausenden von Patienten den Dickdarm entfernt hat. Den meisten von ihnen scheint das nicht einmal schlecht bekommen zu sein. Viele legten sogar schriftlich Zeugnis darüber ab, daß sie sich nach der Operation wohler gefühlt hätten.

Im Jahre 1913 fand in der Londoner »Royal Society of Medicine« ein Kongreß über Ernährungsvergiftung statt. Der Beitrag Sir Williams bestand, wie könnte es auch anders sein, in einer Verdammung des Darms. Die in ihm aufgestauten Fäkalien würden im Laufe der Jahre zu Herz-, Lungen-, Nierenleiden, zu Tuberkulose, Gebärmutterschädigung, hohem Blutdruck, Schilddrüsenüberfunktion und Schwachsinn führen. Über diese Theorie wurde viel diskutiert – bestätigt hat sie sich bis heute nicht.

Sir William Arbuthnot Lane übrigens zog für sich selbst weniger einschneidende Methoden vor. Das Gift in seinen Eingeweiden bekämpfte er mit gewaltigen Dosen Paraffinöl. Seinen Dickdarm hat er behalten.

Vielleicht werden zukünftige Generationen über unsere Diät-Besessenheit, die uns beinahe jeden Monat eine neue Diät anpreisen läßt, einmal genauso lächeln, wie wir es über den Darmherausschneider Lane tun. Fest steht jedenfalls, daß es kaum noch ein

Nahrungsmittel, ob Brot, Nudeln, Kartoffeln, Fleisch, Obst oder Gemüse, gibt, das, wie es heißt, nicht geeignet wäre, uns gesünder und schlanker zu machen. Viele Diäten sind schädlich. Wenige nützen. Selbst dann, wenn sie lediglich dem Verlust von Gewicht dienen sollen, bringen sie kaum bleibende Erfolge. In den meisten Fällen werden die Pfunde, die man sich mühsam abhungert, in wenigen Monaten wieder angesetzt.

Die wirkungsvollste Diät, die natürlich auch dem Abnehmen, in erster Linie aber zur Entgiftung und Entschlackung des gesamten Körpers dient, ist das Heilfasten.

Durch Heilfasten werden Magen und Darm, Leber und Niere entgiftet. Diabetes, rheumatische Erkrankungen, Asthma, klimakterische Beschwerden und Kreislaufstörungen können gebessert werden. Es ist ein Ausgleich für die gesundheitsschädigenden Umwelteinflüsse, denen wir alle ausgesetzt sind.

Fasten ist so alt wie die Menschheit. In Urzeiten wurden die Menschen durch das unterschiedliche Nahrungsangebot der Natur zum Fasten gezwungen. Es war eine biologische Notwendigkeit, um überleben zu können. Später dann haben die großen Religionsstifter, Buddha und Mohammed, Moses und Christus, die Heilwirkung des Fastens erkannt. Sie legten es ihren Gläubigen als ein religiöses Gebot auf. Aber wenn Fasten als Zwang empfunden wird, dann ruft es, wie alle Zwänge, Widerstand hervor. Der Betroffene überlegt sich, wie er die Gebote umgehen oder brechen kann. Wohl aus diesem Grund wurden die ehemals strengen religiösen Fastenermahnungen immer mehr gelockert. Heute sind sie im allgemeinen zu leeren Formeln geworden, in denen nur wenige noch einen Sinn sehen.

Aber auch in unserer Zeit gibt es Völker in Zentralafrika oder Australien, die der natürliche Ablauf des Jahres zum Fasten zwingt. Damit sind nicht die katastrophalen Hungersnöte gemeint, die zu einem großen Teil erst durch den Eingriff des Menschen in die Natur hervorgerufen worden sind.

Ein Beispiel für ein gesundes, natürliches Fasten sind die Hunzas, ein Zehntausend-Seelen-Völkchen in einem abgelegenen Hochtal des Karakorum. Das Hauptnahrungsmittel der Hunzas ist Gerste. Aber meistens reichte die Ernte nur für elf, manchmal auch nur für zehn Monate. Bis zur neuen Ernte fasteten die Hunzas. Dabei waren sie fröhlich und hatten nicht das Gefühl, etwas entbehren zu müssen. Sie verrichteten ihre Feldarbeit oder besserten ihre durch Steinschlag beschädigten Hütten aus. Die Hunzas waren kerngesund. In ihrem Tal gab es keinen Arzt und keine Apotheke. Die brauchten sie auch nicht.

Nach dem Zweiten Weltkrieg wurde ihr Hochtal von der Zivilisation erschlossen. Eine Straße wurde angelegt. Lastwagen brachten Mehl, Zucker und Konserven. Stolz konnte gemeldet werden: Die Hunzas hungern nicht mehr! Aber die Hunzas sind auch nicht mehr so widerstandsfähig wie vor 40 Jahren. Die junge Generation hat alle Zivilisationskrankheiten, unter denen auch wir leiden: Diabetes, Karies, Übergewicht, Blinddarmentzündung und Gallensteine. Das machte zwangsläufig eine weitere »Erfolgsmeldung« notwendig: Im Tal der Hunzas haben sich neuerdings ein Arzt, ein Apotheker und zwei Polizisten angesiedelt.

In der westlichen Welt wird heute weder aus Nahrungsmangel noch aus religiösen Gründen gefastet. Das Fasten wurde auf eine wissenschaftliche Basis gestellt. Wir wissen nicht nur, daß Fasten eine großartige Selbsthilfe der Natur ist, wir wissen auch, warum das so ist.

Der gesunde Mensch verbraucht allein für die Schwerarbeit der Verdauung 30 Prozent der gesamten Energie. Kranke Lebewesen tun instinktiv das Richtige: Sie fasten. Ein Kind, das Fieber hat, lehnt jede Nahrung ab. Ein Tier, das krank ist, verkriecht sich in seine Hütte oder seinen Bau und frißt tagelang nichts. Die freiwerdende Energie nutzt der Organismus für die Heilarbeit, für die Wiederherstellung beschädigter und die Neubildung gesunder Zellen.

Fasten zerstört eingedrungene Bakterien und hemmt die Ausbreitung von Viren. Es erhöht die körpereigene Abwehrkraft und steigert die Ausscheidung von Giftstoffen. Fasten vermindert bei trainierten Menschen nicht die Leistungsfähigkeit. Der Beweis dafür ist ein Bericht des schwedischen Arztes Dr. Otto Karl Aly über einen Fastenmarsch von 20 Schweden. Die Männer hatten sich vorgenommen, ohne feste Nahrung von Göteborg nach Stockholm zu marschieren. Das ist eine Strecke von 500 Kilometern. Sie erreichten das gesteckte Ziel in zehn Tagen, was einer Tagesleistung von durchschnittlich 50 Kilometern entspricht. Während der ganzen Zeit tranken sie drei Liter Wasser pro Tag und etwas Fruchtsaft.

Die Marschierer hatten jeweils zwischen fünf und sieben Kilo abgenommen. Sie fühlten sich prächtig. Ihre Haut sah gesund und gut durchblutet aus. Keiner der Männer war erschöpft.

Wie ist eine solche Leistung ohne jede Nahrungsaufnahme möglich? Die Antwort ist recht einfach: Der Organismus beinahe aller Lebewesen ist auf zwei verschiedene Arten der Energiegewinnung programmiert. Das erste Programm ist: Ernährung durch Nahrung, das zweite: Ernährung aus körpereigenen Depots. Daß bei Wildtieren wochen-, ja monatelanges Fasten zum Leben, ja zum Überleben gehört, ist allgemein bekannt: Die Tiere im Hochgebirge fressen sich bis zum Beginn des harten Winters eine dicke Speckschicht an, von der sie während der nahrungsarmen Zeit zehren. Andere Tiere, zum Beispiel der Igel und das Murmeltier, verfallen in einen Winterschlaf, während dem sie durch Minimierung des Energiebedarfes monatelang ihre Lebensfunktion von körpereigenen Reserven aufrechterhalten können.

Andere Tiere wieder, wie zum Beispiel die Lachse, fasten gerade zu jenen Zeiten, in denen sie Höchstleistungen vollbringen müssen. Während ihrer strapaziösen Reise flußaufwärts zu den Laichgründen, nehmen die Lachse keine Nahrung zu sich. Auch die Vögel bewältigen ihre Tausende von Kilometern langen Non-stop-Flüge in ihre Winterquartiere, indem sie ihre körpereigenen Fettdepots verbrauchen.

In allen diesen Fällen geschieht das Umschalten von Essen auf Fasten von selbst. Es läuft sozusagen automatisch ab.

Beim Menschen ist durch ein dauerndes Nahrungsangebot die Umschaltung überflüssig geworden. Er bedarf einer vor allem geistigen Vorbereitung: Er muß sich klar darüber sein, daß er die Fähigkeit zum Fasten hat. Er muß wissen, daß es ungefährlich ist, und er muß den Entschluß freiwillig und gern fassen.

Wenn diese Voraussetzungen erfüllt sind, wird er erstaunt feststellen, daß Fasten sehr viel leichter ist als eine Reduktionsdiät. Der Grund ist einleuchtend. Bei Menschen, die wenig essen, ist der Organismus trotz allem auf Energiegewinnung durch Nahrung programmiert. Bekommt er zu wenig Nahrung, signalisiert der Körper: Hunger! Wird dieses Verlangen nicht befriedigt, stellt sich ein bohrendes Gefühl in der Magengegend ein. Das ganze Denken kreist ums Essen. Es kann zu Kopfschmerzen, Schwindelgefühlen und Gliederzittern kommen.

Wenn der Mensch jedoch bewußt auf das zweite Energiegewinnungsprogramm umschaltet, was am besten durch eine gründliche Darmentleerung eingeleitet wird, dann verschwindet jedes Hungergefühl meist schon nach 24 Stunden, und der Fastende wird überrascht feststellen, daß er sich besonders wohl und leistungsfähig fühlt.

Dieses Wohlbefinden ist jedoch nur für denjenigen erstaunlich, der nicht weiß, wie der Körper auf Nahrungsentzug reagiert. Der Organismus hat nämlich eine höchst wunderbare Eigenschaft: Er verbraucht nicht irgendein Fett und irgendein Eiweiß, sondern er verbrennt jene Stoffe, die ihn belasten, die er nicht braucht, die ihn stören und die ihn krank machen und zwar genau in dieser Reihenfolge. Und krank machen uns nicht nur das überschüssige Fett, sondern auch die Eiweißschlacken, die sich an den Wänden der feinsten Blutgefäße absetzen. Ein gesunder, etwa 70 Kilo schwerer Mann verfügt im Durchschnitt über sechs Kilo Körpereiweiß, benötigen würde er aber nur dreieinhalb Kilo.

Bisher nahm man an, daß Menschen, die verhungern, an Eiweißmangel sterben. Diese Annahme wurde durch die Obduktion von IRA-Häftlingen, die sich durchschnittlich nach 61 Tagen zu Tode gehungert hatten, widerlegt. Man stellte fest, daß die Streikenden lediglich 30 Prozent ihres Eiweißes verbraucht hatten. Sie starben, nachdem ihr Organismus das letzte Gramm ihres Fettes verbrannt hatte.

Wissenschaftler haben errechnet, daß ein normalgewichtiger, etwa 70 Kilo schwerer, 170 Zentimeter großer Mann 15 Kilo Fettreserven hat. Zwei Drittel davon entsprechen 93000 Kalorien. Hinzu kommen 12000 Kalorien aus Eiweiß und Kohlenhydraten. Von dieser Reserve kann der Mensch etwa 40 Tage ohne gesundheitsschädliche Auswirkungen zehren. Das ist erstaunlicherweise genau jene Fastendauer, die die Religionsgründer ohne jede wissenschaftliche Vorkenntnis ihren Gläubigen vorschrieben.

Für den Gesunden hat das Heilfasten einen doppelten Gewinn: Er kann sich körperlich regenerieren und seelisch auf sich selbst besinnen. Fastende berichten immer wieder, daß ihre Phantasie während dieser Zeit besonders lebhaft gewesen sei, daß sie sich beschwingt, fast euphorisch gefühlt hätten.

Für den Kranken ist das Heilfasten eine »Operation ohne Messer«. Diesen Begriff hat Dr. Otto Buchinger geprägt. Er war Sanitätsoffizier. Ein Jahr vor Ende des

Ersten Weltkrieges erkrankte er an Gelenkrheuma, zu dem später noch ein Leberleiden kam. Mit 40 wurde er als Vollinvalide vom Militär entlassen.

Er eröffnete eine Praxis. Aber kein Patient wollte sich von einem Arzt behandeln lassen, der gehbehindert war und zum Erbarmen schlecht aussah.

Irgend jemand sagte ihm: »Machen Sie doch mal eine Fastenkur.« Buchinger versuchte es. In seinen Lebenserinnerungen schrieb er darüber: »Diese Kur von 19 Tagen rettete mir wahrscheinlich Existenz und Leben. Ich war schwach, mager, aber ich konnte wieder gehen.«

Aber das Leberleiden und die Gallenkoliken plagten Buchinger noch immer. Er fastete noch einmal, diesmal vier Wochen. Anschließend war er gesund, und er blieb es, bis er im Alter von 89 Jahren starb.

Heilung durch Fasten können Patienten erhoffen, die an Gelenkrheumatismus (Polyarthritis) und Muskelrheuma, an Raucherbein und Nierenentzündungen, Darmerkrankungen, Leberleiden und schweren Hautkrankheiten (Schuppenflechte) leiden.

Während des Fastens wird Fett verbraucht, das den Kreislauf belastet und alle orthopädischen Leiden verschlimmert. Harnsäure, deren Ablagerungen in den Gelenken Gicht und in den Muskeln Rheuma verursacht, wird ausgeschieden. Eiweiß, das die Gefäße verengt, wird abgebaut, Leber und Nieren werden entgiftet, Magengeschwüre, Schleimhautentzündungen und Stoffwechselstörungen können ausheilen.

Mit diesen Abbauvorgängen findet vor allem auch eine Entgiftung des Organismus statt. Umweltgifte, die der Körper nicht absorbieren kann, speichern sich in Fett und Eiweiß, die im Bindegewebe abgelagert werden. Während des Fastens werden diese Ablagerungen gelöst, die Giftstoffe können ausgeschieden werden.

Daß es keine edlen Stoffe sind, die aus allen Poren

und Körperöffnungen herausgeschleust werden, kann man am Geruch wahrnehmen. Der Darm, der jetzt keinerlei Nahrung mehr zu verarbeiten hat, entledigt sich aller Schlacken. Wie viele Überreste sich da festgesetzt haben, beweist die Tatsache, daß Fastende oft noch nach 14 Tagen völligen Nahrungsentzuges Stuhlgang haben.

Der Urin ist oft ziemlich dunkel und riecht penetrant. Auch der Schweiß hat einen üblen Geruch. Deshalb sollte jeder Fastende saugfähige Wäsche tragen und zweimal täglich baden oder duschen. Die Atemluft ist ebenfalls mit gasförmigen Stoffwechselresten behaftet. Der Mundgeruch kann oft im ganzen Zimmer wahrgenommen werden. Deshalb sollten die Räume stets gründlich gelüftet werden. Die Zunge ist meist belegt, Zähne und Zahnfleisch haben einen Belag, der unangenehm riecht. Ausscheidungsorgane sind auch Nase, Rachen, Luftröhre, Gaumen- und Rachenmandeln. Gründliches Räuspern und Spucken und häufiges Zähneputzen schaffen Abhilfe.

Diese »Müllabfuhr« während des Fastens ist sicherlich keine angenehme Begleiterscheinung. Aber der Gedanke, daß all diese Ekeldüfte jenen Schlacken anhaften, die jetzt aus unserem Körper geschleust werden, ist andererseits auch eine große Befriedigung.

Niemand muß fürchten, daß er nach dem Fasten alt und grau oder faltig aussieht. Im Gegenteil: Die Augen werden klarer, schwammige, großporige Haut strafft sich, sie wird elastischer, zarter, und Unreinheiten verschwinden.

Es gibt zwei Arten von Fasten. Das Heilfasten, also Nahrungsentzug, um gesund zu werden, das nur in der Klinik oder unter ärztlicher Anleitung durchgeführt werden darf, und das selbständige Fasten, das jeder durchführen kann, der gesund, leistungsfähig und diszipliniert ist.

Fasten, um den Körper zu entgiften, sollte man dort,

wo man sich am wohlsten fühlt. Sie können eine Woche oder auch 14 Tage fasten. Im häuslichen Alltag ist es sicherlich am schwierigsten – nicht so sehr, weil der Rest der Familie kräftig zulangt, sondern vor allen Dingen, weil der Fastende von Freunden, Bekannten und Nachbarn mit gutgemeinten, aber irritierenden Ratschlägen überhäuft wird. »Du fällst ja völlig vom Fleisch«, oder: »So etwas kostet doch Nerven«, oder: »Ab und zu ein Müsli oder ein Süppchen kann doch wahrhaftig nichts schaden ...« Wer das trotzdem durchhalten will, braucht einen eisernen Willen.

Leichter geht es, wenn man es mit dem Partner gemeinsam unternimmt, in ein Ferienhaus geht oder sich mit ein paar Gleichgesinnten zusammentut.

Vor dem ersten Fastentag sollte man sich auf die nahrungslose Zeit einstimmen. Sie können drei Pfund Obst, verteilt auf drei Mahlzeiten essen, oder in Wasser gekochten Reis ohne Salz, mit Kräutern, gedünsteten Äpfeln oder Tomaten, oder einen Rohkosttag mit Obst, Müsli, Blattsalaten, Wurzelgemüsen und Sauerkraut einlegen.

Der erste Fastentag beginnt mit einer Darmentleerung. Ein Einlauf ist immer noch das beste Mittel. Wer das nicht mag, kann Glaubersalz (40 Gramm in drei Liter warmem Wasser auflösen) trinken. Mittags und abends gibt es dann Gemüsesaft bzw. -brühe oder Obstsaft. Nachmittags und morgens sollte eine Tasse Tee mit einem Teelöffel Honig getrunken werden. Stille Mineralwasser können Sie in unbegrenzter Menge zu sich nehmen.

Was man sich körperlich zumuten will und kann, ist individuell verschieden. Der beste Rat ist: Tun Sie, wozu Sie Lust haben. Sie können spazierengehen, wandern, im Garten arbeiten. Sie können Gymnastik treiben, Schwimmen, Radfahren, kurz: Der Fastende kann alles tun, was er auch sonst getan hat – mit einer Ausnahme: Schneller Energieeinsatz, etwa hinter einer anfahrenden Bahn herlaufen, Treppen hinaufhasten oder Fußballspielen würden ihm schwerfallen. Besonders gut tun ihm: Mittagsruhe und Leibwärme.

Nach dem Fasten sollte man sich allmählich wieder an die Nahrungsaufnahme gewöhnen, etwa mit einem Apfel am Morgen, einer Suppe am Mittag, Joghurt und Knäckebrot am Abend. Am zweiten Tag kann man dann schon Kartoffeln, Gemüse, Quark, Nüsse, Vollkornbrot, Butter und Käse essen. Wer erschöpft, depressiv oder krank ist, gehört in eine Fastenklinik. Dort weiß man, daß Nahrungsentzug feinfühliger und reizbarer macht. Dieser seelischen Ausnahmesituation wird Rechnung getragen. Und bei einem kranken Menschen kann nur der Arzt je nach Befund die individuelle Fastendauer bestimmen.

In der Fastenklinik wird dem Patienten jeden Morgen Frucht- oder Kräutertee ans Bett gebracht. Der Vormittag ist ausgefüllt mit Gymnastik, Massagen und Bürstenbädern. Mittags gibt es eine warme Gemüsebrühe. Anschließend bekommt der Patient einen heißen Leberwickel. Am Nachmittag gibt es Tee mit Honig und am Abend frische Obstsäfte.

Dr. Buchinger, der Vater des Heilfastens, hat gesagt: »Fasten schadet so gut wie nie. Ein Versuch lohnt immer.«

Das heißt: Wie bei allen Heilmethoden, so kann auch beim Fasten keine Garantie für Besserung oder Heilung gegeben werden. Eine Entschlackung und Entgiftung wird in jedem Fall erreicht. Aber es ist weder ein Allheil- noch ein Wundermittel. Und es gibt auch Krankheiten, bei denen es schaden kann: bei Tuberkulose und Krebs, bei Neurosen und Psychosen und bei altersbedingten Abmagerungen.

Wie man seelisch das Fasten verkraftet, schildert eine 48jährige Patientin, die in einem Sanatorium innerhalb von drei Wochen 20 Pfund abgenommen hat:

»Nur während der ersten drei Tage war es unangenehm. Ich hatte ein dumpfes Gefühl im Kopf und leichte Rückenschmerzen. Aber dann war es wunderbar. Ich habe mich ganz leicht gefühlt, wie schwebend. In meinem ganzen Leben war ich nicht so heiter und gelöst wie während dieser Kur.«

Entgiften durch Wasser

Warum sich der Bundeskanzler in kalte Tücher wickeln läßt – Das Gift in unserem Schweiß – Der Reiz des kalten, die Wohltat des warmen Wassers – Kneipp-Kuren zu Hause

Die Prozedur begann jeden Morgen unmittelbar nach dem Erwachen. Der Kanzler entledigte sich seines Nachtgewandes. Quer über sein Bett wurde ein überdimensionales, wollenes Tuch ausgebreitet, darüber ein Leinentuch. Auf diese trockenen Tücher wurde ein klatschnasses Leinentuch, im Ausmaß von 180 × 80 cm der Länge nach gefaltet, ausgelegt. Darauf setzte der Kanzler mit einem Stöhnen vorsichtig Rükken und Po. Nun wurde das Leinentuch um seinen mächtigen Leib gewickelt, nicht beengend, aber doch stramm. Die Temperatur des Wassers, in dem es getränkt worden war, betrug bloß 15 Grad. Schlagartig überzog ein Kältereiz die unteren Rippen und die Lendenpartie. Hurtig wurden die trockenen Tücher darüber gelegt und festgezogen. Nun packte man mit überlangen Decken auch seine Schultern und Arme fest ein, wählte im Zimmerradio den Sender mit klassischer Musik – und das war's für die nächsten 90 Minuten.

Den kalten Leibwickel könnte Helmut Kohl einem Amtsvorgänger abgeschaut haben, dem eisernen Kanzler Otto von Bismarck. Ihm hat die Hydrotherapie, die heilende Anwendung von kaltem, lauwarmem oder heißem Wasser, neben anderen Naturheilverfahren, sogar das Leben gerettet. Sein Leibarzt, Dr. Ernst Schwenninger pflegte zu sagen: »Mit einem nassen Handtuch kann man oft besser heilen als mit einer ganzen Apotheke.« Kohls Kur-Ziele waren bescheidener: abspecken und entschlacken. Deshalb beginnt er traditionell jedes Jahr jeden Tag seiner Osterdiät mit dem kalten Lendenwickel, der ihm spätestens nach 60 Minuten heftig den Schweiß aus allen Poren treibt.

In diesem Buch konnten Sie bisher von vielen Transportsystemen lesen, die Gifte aus unserem Körper schaffen. Das universellste von allen ist das Wasser. Einmal trägt es gelöste chemische Substanzen überall im Körper dorthin, wo sie benötigt werden – in erster Linie Salze. Zum anderen schwemmt Wasser Unmengen von Stoffwechselabfällen aus unserem Körper heraus. In den 850 bis 950 Gramm Schweiß, die wir an normalen Tagen ausscheiden, wiegt der Anteil gelöster Toxine, also Abfälle, immerhin rund 40 Gramm. Vereinfacht gesagt, ist jeder zwanzigste Schweißtropfen eine geballte Ladung Gift. Bazillen, Jod, Brom, Quecksilber, Salizilsäure, Medikamente sowie Stoffwechselprodukte, Harnsäure und Kochsalz.

Schweiß hilft nicht nur durch das Ausschwemmen im Hautbereich. Wenn das Blut Schwitzwasser abgibt, fließt aus dem Gewebe Flüssigkeit nach. Das verbessert die natürliche Strömung der Körperflüssigkeit in den Lymphgefäßen, was wiederum ihre entgiftende und ausscheidende Funktion verstärkt. Eine weitere Form der Flüssigkeitsbewegung setzt sich in Gang, wenn wir essen. Dann ergießen sich verdauungsfördernde Säfte in den Magen-Darm-Trakt. Auch sie werden, wie Schweiß, dem Blut entzogen, was Durst erzeugt. Eiweiß, also Fleisch, benötigt besonders viele Verdauungssekrete. Wundern Sie sich also nicht, wenn Fleischnahrung besonders durstig macht. Eine Art »Wasseruhr« im Körper registriert sofort jede Veränderung des Wasserhaushaltes. Unter allen Entbehrungen ist der Mangel an Flüssigkeit vom Körper mit am schwersten zu ertragen. Menschen haben schon länger als einen Monat ohne Nahrung gelebt. Ohne

Flüssigkeit leben wir keine drei Tage. Die tägliche Mindestmenge an Flüssigkeit, die wir zu uns nehmen müssen, beträgt 1,7 Liter. Sie reicht gerade aus, den Verlust in Form von Schweiß, Urin, bei der Darmentleerung und durch die Verdunstung über Haut und Lunge wettzumachen. Aber da ein Erwachsener in einer einzigen Stunde mühelos auch 1,5 Liter Schweiß produzieren kann, sollte die Bilanz unserer täglichen Wasseraufnahme etwa 2,1 Liter betragen – 1,2 Liter durch Trinken und 0,9 Liter in fester Nahrung, etwa im Obst.

Daß Wasser, wenn es von innen herausdrängt, entgiftet und entschlackt, leuchtet auf Anhieb ein. Daß Wasser, äußerlich angewandt, auch innerlich reinigt, bedarf einiger Erklärungen.

Wasser reizt die Haut. In ihr gibt es mehr als eine Viertelmillion Kälte-Wärme-Punkte, das sind äußerst sensible Enden von Nervenbahnen, die besonders für die Wahrnehmung von Temperaturinformationen geschaffen sind. Der Mensch ist ein tropisches Wesen. Sinkt die Temperatur, die an seiner Haut gemessen wird, unter 30 Grad, so empfindet er Kühle. Unter 25 Grad Kälte und unter 17 Grad einen Kälteschmerz. Umgekehrt werden Temperaturen über 36 Grad als Wärme wahrgenommen, solche von mehr als 44 Grad bereits als Hitzeschmerz. Sie können das leicht überprüfen, indem Sie Ihre Hand in Wasser von etwa 50 Grad Wärme halten – aber ich empfehle es Ihnen nicht.

Plötzliches Erwärmen der Haut oder ein ebenso rascher Temperatursturz, reizt die Rezeptoren, die Wärme-Kälte-Punkte, viel stärker als konstant hohe oder tiefe Temperaturen. Die Empfindungen werden »überschießend«, und entsprechend stark werden sie von uns wahrgenommen. Langsame Veränderungen üben auf die Rezeptoren einen viel schwächeren Reiz aus. Wenn Sie zum Beispiel im Freien längere Zeit konzentriert einer Veranstaltung beiwohnen, werden

Sie kaum merken, daß es allmählich kühler wird. So hat sich jeder von uns schon mal erkältet ...

Die Haut ist kein Temperatur-Meßgerät, sie registriert bloß Veränderungen. Lassen Sie sich von folgendem Versuch verblüffen: Füllen Sie eine Schale mit heißem Wasser, eine andere mit lauwarmem und eine dritte mit kaltem. Tauchen Sie Ihre linke Hand in das heiße Wasser, die rechte gleichzeitig ins kalte – und nach wenigen Augenblicken beide in die dritte Schale. An der einen Hand werden Sie jetzt Kälte, an der anderen Wärme empfinden. Dabei ist die Temperatur für beide Hände gleich: lauwarm.

Der starke Reiz von Kalt-warm-Impulsen auf die Haut erklärt die verblüffende Heilkraft der Wasseranwendungen. Kälte löst auf der Haut einen wahren Schock aus. Die feinen Kapillargefäße ziehen sich blitzartig zusammen und pressen das Blut in tieferliegendes Gewebe. Die Haut wird blaß. Durch die Verminderung der Hautdurchblutung wird der Verlust von Wärme nach draußen verringert. Eine reine Notmaßnahme. Das Nervensystem gibt den Blutgefäßen jedoch schnell den Befehl, sich wieder zu weiten, und das Blut strömt in die Haut zurück. Nicht nur die Blutbahnen, auch die Muskeln der Haut werden durch die Kälte gereizt. Auch sie ziehen sich zusammen und dehnen sich wieder. Wenn es schlimmer kommt, beginnen die Muskeln sogar zu zittern, weil die Erhöhung ihrer Bewegung Wärme erzeugt.

Die rasche Wiedererwärmung der Haut verstärkt die Verdunstung von kaltem Wasser an ihrer Oberfläche. Wieder entsteht Kälte, wieder reagieren die Gefäße, die Nerven und die Muskeln. So sorgt der Kälteschock in der Haut für kräftigere Durchblutung, für das Training der Muskulatur und für aktive Empfindungen der Nervenbahnen. Diese Funktionen der Haut wirken auch auf innere Organe. Viele Bereiche der Außenhaut besitzen zahlreiche Empfindungsnerven, über die jeder Reiz fast überallhin im Körper abgeleitet wird. Die Fußsohlen, die Ohrläppchen und jeder Punkt, der bei Akupunktur und Akupressur aktiviert wird, gehören zu diesen Reflexzonen. Von ihnen ausgehend, löst das Wasser Reaktionen im ganzen Körper aus. Die Fließgeschwindigkeit des Blutes erhöht sich, wodurch mehr Sauerstoff zu den Zellen transportiert wird. Gleichzeitig schafft das Blut beim Zurückfließen mehr Abfälle, Stoffwechselprodukte und Gifte aus den Zellverbänden zur Lunge, in die Nieren und in die Schichten der Haut. Auch in den Lymphbahnen nimmt die Fließgeschwindigkeit der Flüssigkeit zu. Es ist fast unglaublich, aber es stimmt: Sie spritzen kaltes Wasser auf Ihre Haut, und der Körper reinigt sich innerlich.

Die Abhärtung von außen und die Entschlackung von innen sind kräftige gesundmachende Faktoren. Vielleicht spielen auch noch physikalische Eigenschaften des nassen Elements eine Rolle. Kaltes Wasser ist leicht magnetisch. Die Hydrotherapie lädt auf, regt an, erfrischt. Beachten Sie aber folgende Empfehlungen:

Wasser sollte nicht kälter als 16 Grad sein – das ist etwa die Temperatur von Leitungswasser. Die Raumtemperatur sollte wenigstens 23 Grad betragen. Es darf nicht ziehen. Der Körper muß gut erwärmt und kräftig durchblutet sein. Helfen Sie vorher mit heißem Tee und einem Eimer heißem Wasser für die empfindlichen Füße nach. Setzen Sie Ihre Haut nur kurz der Kälte aus. Halten Sie für hinterher große, warme Badetücher und einen kuscheligen Bademantel bereit. Für kreislaufschwache Menschen kann die Kaltwasserbehandlung zu anstrengend, für Kleinkinder zu unangenehm sein. Aber auch für jeden anderen gilt: nicht übertreiben! Auch der sanfte Kältereiz hat seine Wirkung. Das Wasser muß frisch, klar und trinkbar sein. Abgestandenes Wasser hat seinen natürlichen Zustand verloren und heilt nicht mehr.

Noch stärker ist die Heilwirkung bei der Anwendung von heißem Wasser. Der Hitzereiz eines Heißwasser-Wannenbades erhöht die Temperatur des Körpers – wie künstliches Fieber. Viele Krankheitskeime sterben aber spätestens bei 40 Grad Wärme ab. Gleichzeitig verstärkt Hitze die Ausscheidungsfunktionen. Die Poren der Haut öffnen sich, die Blutgefäße weiten sich. Der Blutinhalt der Haut vergrößert sich. Die Leistung der Schweißdrüsen wird sogar vervielfacht. Würde man die Schweißtropfen jetzt auffangen und analysieren, wäre man über ihre Zusammensetzung erstaunt. Aus den Schweißdrüsen dringt jede Menge an Schwermetallen, Giften, Säuren, Bazillen und Viren! Bei höheren Körpertemperaturen steigt auch die Sauerstoffaufnahme der Zellverbände. Es entstehen mehr weiße Blutkörperchen, die schädliche Substanzen jetzt auch aggressiver bekämpfen. Gemeinsam mit dem künstlichen Fieber geht der Organismus massiv gegen Krankheitskeime und Stoffwechselmüll vor. Man darf sagen: Heißes Wasser entgiftet und schwemmt aus. Übrigens: Morgens um drei, wenn die Körpertemperatur ihren Höhepunkt erreicht, wirkt die zusätzliche Hitze in der Badewanne besonders. Grundsätzlich gilt: Wer Wasser von 40 Grad aufwärts als besonderes Wohlgefühl empfindet, dessen Körper friert vielleicht gelegentlich, ohne daß es dem Menschen selbst bewußt wird.

Nun stellen Sie sich bitte vor, daß Sie Ihren Körper abwechselnd den Reizen von 40 Grad warmem und 20 Grad kaltem Wasser aussetzen. Zum Beispiel: Drei Minuten ein Bad in der Wanne, danach 30 Sekunden abspritzen in der Duschecke. So ein Wechselbad verengt und dehnt die Blutgefäße und Lymphbahnen und rüttelt die Nerven wach. Das bringt gestautes Blut in Fluß. Schon drei Wechselbäder hintereinander können bewirken, daß Entzündungen innerhalb von wenigen Stunden abklingen. Da die letzte Anwendung mit kaltem Wasser geschieht, sollten Sie sich hinterher für wenigstens eine Stunde ins Bett legen oder so lange turnen oder sich bewegen, bis Ihr Körper wieder erwärmt ist.

Schon die frühen Menschen hatten die Vorstellung, daß sie im Wasser ihre Leiden verlieren. Sie hielten ihre Krankheiten für Dämonen, die von ihnen Besitz ergriffen hatten. Da diese Menschen die Naturgewalt des Wassers kannten und fürchteten, hofften sie, daß die Dämonen vor ihr fliehen würden, wenn sie ihren Körper in einen reißenden Fluß tauchten. Diese Idee vom reinigenden Bad wurde von vielen Religionen übernommen. Jedoch die ersten, die das Bad medizinisch einsetzten, waren die Griechen. Hippokrates entdeckte die wohltuende Wirkung kalter Bäder und erkannte, daß die Herztätigkeit sich verlangsamte. Erst im letzten Jahrhundert vor Christi leiteten die alten Römer Thermalquellen in ihre Städte. Elf Aquädukte brachten damals täglich 750 Millionen Liter frisches Trinkwasser in die Stadt. Auf dem Höhepunkt ihrer Bedeutung hatte die Kaiserstadt Rom 712 öffentliche Bäder – die größte Anlage bedeckte 560 000 Quadratmeter. Man schwitzte im Tepidarium, man badete heiß im Caldarium und kalt im Frigidarium. Der Badekurort Baden-Baden ist einer von 80, die schon zu römischen Zeiten bestanden. Jede Gesellschaft hatte ihre Heiler, die mehr oder weniger auch die Kräfte des Wassers einsetzten. Der Pionier der Hydrotherapie, wie sie heute noch Bestand hat, hieß Vinzenz Prießnitz und wurde 1799 als Sohn eines Bauern geboren. Als kleiner Junge beobachtete er ein Reh, das seinen blutenden Hinterlauf täglich in einer Quelle badete. Von da an heilte er seine eigenen Verletzungen ebenfalls mit Wasser. Und nicht nur seine eigenen. Noch nicht großjährig, hieß er bereits »der Wunderdoktor«. Er baute ein Badehaus für 50 Patienten und behandelte dort Berühmtheiten seiner Zeit wie Erzherzog Anton, Frédéric Chopin und Nicolai Gogol. Seine Behandlungen fußten auf zwei Erkenntnissen: Daß Blut und damit verstärkt Heilkräfte dorthin geleitet werden, wo die Haut mit kaltem Wasser gereizt wird. Und, daß Umschläge aus nassen Tüchern Gifte und Krankheitserreger aus dem Körper ziehen. Zwei Jahrzehnte nach ihm konnte dann Pfarrer Sebastian Kneipp auch Tausende Ärzte von den großartigen Möglichkeiten der Wasseranwendung überzeugen. Hier die bewährtesten:

Die Kaltwaschung: Am besten morgens, noch bettwarm, mit einem in Leitungswasser getauchten, groben Tuch den rechten Arm, den linken Arm, Gesicht, Nacken, Rücken und Oberkörper sanft abwischen. Wenn's Spaß macht, auch noch Beine und Rumpf. Beginnen Sie immer so weit vom Herzen entfernt wie möglich. Dann nackt und feucht zurück ins warme Bett.

Das Wassertreten: Am besten zwischen 16 und 17 Uhr, nicht unmittelbar vor oder nach dem Essen, mit ganz warmen Füßen in eine Wassertretanlage steigen oder zu Hause in der Badewanne in 30 Zentimeter hohem kaltem Wasser auf und ab gehen. Bei jedem Schritt den Fuß ganz aus dem Wasser heben. Das Wassertreten darf nur wenige Sekunden dauern, anschließend das Wasser nur abwischen, die Beine warmlaufen oder warm verpacken.

Das Gehen im nassen Gras: Tautreten, drei bis fünf Minuten, zieht Blut »von oben nach unten«. Die nassen Füße in warme Strümpfe und bequeme Schuhe pakken und eine Viertelstunde marschieren.

Der Schönheitsguß: Über der Badewanne kaltes Wasser aus einem Schlauch oder einer Gießkanne ohne Brausekopf über die rechte Schläfe, die rechte Wange, das Kinn, die linke Wange, die linke Schläfe und die Stirn führen. Das Ganze zweimal wiederholen.

Armguß: Kaltes Wasser über den rechten Handrücken, außen am Arm entlang zur Schulter und von da innen zur Handfläche führen.

Der Unterschenkelguß: Leiten Sie den kalten Wasserstrahl vom Außenrist über die Ferse und die Wade zur Kniekehle und innen über den Unterschenkel zur großen Zehe.

Das kalte Fußbad (in der Wanne): Bis zu halber Wadenhöhe in kaltem Wasser wenige Sekunden ausharren, mit den Füßen kreisen. Das Wasser nur abstreifen, die Beine in warmen Socken oder im Bett erwärmen.

Das warme Fußbad: Bei 37 Grad Wärme fünfzehn Minuten lang die Füße ins Wasser halten. Mit einem sekundenlangen kalten Wasserguß abschließen.

Das Bürstenbad: Entspannen Sie sich in angenehm lauwarmem Wasser, ehe Sie sich aufrichten und Arme und Rumpf mit einer weichen Bürste in geraden Strichen massieren, dabei aber in der Wanne sitzenbleiben.

Der Prießnitzwickel: Ein in kaltem Wasser getränktes, stark ausgewrungenes Leinentuch, so kalt und so fest und dicht wie möglich, um die Lende oder einen anderen kranken Körperteil gewickelt. Darüber wird ein trockenes Leinentuch und ebenso eng ein trockenes Flanelltuch gewickelt. Das kalte Wasser aktiviert Heilkräfte, und die Wärme, die dann entsteht, verstärkt diese heilenden Maßnahmen. Der Prießnitzwickel wird abgenommen, sobald starker Schweiß auftritt, oder spätestens nach eineinhalb Stunden.

Der warme Lendenwickel: Das in heißes Wasser getauchte und ausgewrungene Leinentuch sollte die Maße 180 × 80 Zentimeter haben und der Länge nach gefaltet sein. Der Kneipp-Freund legt sich nackt mit Po und Rücken auf das Innentuch, darunter liegen ein wollenes Zwischentuch und ein weiteres Wickeltuch aus Flanell oder Wolle. Erst wird das Innentuch straff um den Leib gewickelt, dann die beiden anderen Tücher. Ein, zwei heiße Wärmflaschen darauf und die Bettdecke darüber. Bis zum Kinn zugedeckt, eine oder eineinhalb Stunden schwitzen. Vor einem großen Wikkel sollten Körper und Bett erwärmt, Darm und Blase entleert werden. Verstoßen Sie nicht gegen das oberste Gebot der Hydrotherapie: Niemals kaltes Wasser auf einen kalten Körper.

Die Heilkraft des Wassers wirkt auch beim Trinken. Sehr intensiv sogar. Denn Wasser löst Toxine und Salze auf und schwemmt sie gemeinsam mit den Säuren, die der Stoffwechsel erzeugt, aus dem Körper. Mineralwässer besitzen überdies Inhaltsstoffe, deren Eigenschaften die entgiftende Wirkung des Wassers verstärken. Kohlensäure, zum Beispiel, die in jedem Mineralwasser enthalten ist, hält es länger frisch. Im Körper regt sie die Darmbewegung an. Kohlensäure schleust Wirkstoffe des Wassers durch die Darmwände und versorgt die Blutgefäße mit zusätzlichem Sauerstoff. Natrium und Chlorid im Mineralwasser erleichtern die Verdauung. Schwefel unterstützt Galle und Leber. Hydrogenkarbonat aktiviert die Nieren. Jedes Etikett weist die Inhaltsstoffe genau aus. Warme Getränke regen die Durchblutung der Magenwände an. Jeder Tropfen, der in uns wirkt, verläßt den Körper mit schädlichen Substanzen wieder. Eine unendliche Entgiftung.

Entgiften durch Erde, Torf und Lehm

Wie der »Lehmpastor« die Krankheiten aus seinen Patienten zog – Warum ein Moorbad besonders Frauen so gut bekommt – Warum Heilerde Gifte wie ein Schwamm aufsaugt

Wie ein Schwamm saugt die Erde Krankheiten auf – das wußten schon die Ärzte der Antike. Auch Jesus glaubte daran. Als er zu einem Blindgeborenen geführt wurde, vermengte er seinen Speichel mit Erde und trug diese kühlende Kompresse auf die Lider des Blinden auf. Er wurde sehend.

Ursprünglich dienten Erdpackungen nur als Verband. Der feuchte Brei linderte Schmerzen. Die Heiler der Vorzeit trockneten Lehm an der Sonne oder am Feuer, zerrieben ihn und vermengten ihn mit Regenwasser. Die Erfahrung lehrte sie schnell, daß solche Umschläge mehr bewirkten als nur augenblickliche Kühlung. Insektenbisse und Bienenstiche waren halb so schlimm, wenn die Wunde sofort mit heilender Erde bedeckt wurde. Schlangenbisse verloren wegen der schwamm-ähnlichen Eigenschaft der Heilerde viel von ihrer Gefährlichkeit.

Wie Erde heilt, ist heute kein Geheimnis mehr. Wissenschaftler haben nachgewiesen, daß Ton, Lehm, Erde, Torf und Schlamm Säuren anziehen, binden und neutralisieren. Die heilenden Substanzen sind durch geologische Vorgänge entstanden und heißen Peloiden. Fango-Packungen besitzen zusätzlich mineralische Elemente, denn sie entstammen vulkanischem Boden. Im Torf und im Moor überwiegen pflanzliche Hormone, die sich zu den Geschlechtshormonen der Frau ideal ergänzen. Aber diese in Jahrtausenden entstandenen Wirkstoffe können weit mehr als nur Frauenleiden beeinflussen. Heilerde, Lehmpackungen, Torfdrinks und Moorbäder sind klassische Entgiftungsstrategien.

Paracelsus, der eigentlich Theophrastus Bombastus von Hohenheim hieß und im 16. Jahrhundert wirkte, hat in seiner Arbeit über Heilquellen auch die Heilkräfte der Erde gepriesen. Aber er blieb zeit seines Lebens umstritten, und noch im 19. Jahrhundert mühte sich Sebastian Kneipp vergebens, den Glauben an die heilende Erde zu stärken. Er schrieb: »Der allergütigste Schöpfer hat in unscheinbaren Dingen, an welchen der moderne Mensch gleichgültig vorübergeht und die er sogar verachtet, Heilmittel für Menschen und Tiere geschaffen. Eines der vorzüglichsten ist der Lehm.« Kneipp hat seine Lehmwickel, Lehmumschläge und sein Lehmwasser lange nur bei Tieren angewendet. Später wagte er sich mit Heilerde sogar an Herzerkrankungen des Menschen heran.

Einem anderen Geistlichen blieb es vorbehalten, als »Lehmpastor« in die Geschichte der Medizin einzugehen: Der evangelische Pastor Emanuel Felke war bis in die zwanziger Jahre unseres Jahrhunderts hinein als Naturheiler so erfolgreich, daß er sein Kirchenkleid ablegte und den Menschen als Naturarzt diente. Das tat er, indem er sie zur Gänze in Lehm packte, so daß nur mehr der Kopf herausschaute, und stundenlang so sitzen ließ. Auf diese Weise »zog« der Lehmpastor Krankheiten aus dem Organismus seiner Patienten. Wenn Sie es ihm nachmachen wollen, hier die Anleitung für eine Lehmpackung:

Rühren Sie Lehm oder Heilerde (aus der Apotheke) mit kaltem Wasser, kaltem Essigwasser oder abgekühltem Kräutersud zu einem streichfähigen Brei an. Legen Sie sich hin. Tragen Sie den Brei fingerdick im Bereich Leber-Magen-Darm-Nieren auf. Legen Sie ein Tuch aus reiner Wolle oder aus Leinen darüber. Der Lehmwickel entzieht dem gesamten Bauchbereich

Wärme. Wenn Sie ruhig liegen bleiben, spüren Sie seine Saugwirkung während des Trocknens. Lassen Sie den Lehm möglichst bis zu zwei, drei Stunden einwirken. Hinterher mit lauwarmem Wasser in der Wanne abspülen.

Oder verschreiben Sie sich ein Lehmhemd:

Tränken Sie ein wollenes Unterhemd in dickflüssiger Lehm- oder Moorbrühe. Mund und Augen zu – und hineinschlüpfen. Wickeln Sie sich in ein Badetuch und legen Sie sich 45 bis 60 Minuten ins Bett.

Auch im Magen-Darmbereich bewähren sich Lehmwasserwickel:

Rühren Sie ein wenig Lehm in kaltes Wasser, tränken Sie Wickeltücher mit der entstehenden Essenz und umwickeln Sie Ihren Leib. Ein kuscheliges Wolltuch vervollständigt die Anwendung. Auch damit ruhen Sie am besten 45 bis 60 Minuten im Bett.

Am natürlichsten empfinden viele Menschen die Anwendung von Moor, Torf, Lehm, Schlamm und Erde im Badewasser. Apotheken, Drogerien und Reformhäuser halten eine ganze Palette von Badekuren mit einem Schuß Erde bereit. Für diese Präparate gibt es genaue Gebrauchsanweisungen. Mal bestreicht man den Körper mit dem Brei und steigt damit in die Wanne. Mal löst man die heilenden Substanzen im Badewasser auf und setzt sich dann hinein. Mal wird das Pulver im Wasserdampf erwärmt, zu einem Brei verrührt und dem Badewasser zugesetzt. Wie auch immer, die Wirkung ist annähernd die gleiche: Der Abtransport der Körperschlacken wird entscheidend verstärkt, der Stoffwechsel wird gefördert, das Darm-Milieu wird auf natürliche Weise angeregt. Unter den Entgiftungsorganen werden von einem Moorbad besonders die Nieren angeregt. Lehm- und Heilerde in der Wanne kurbeln den Stoffwechsel an, wirken keimtötend auf den Schleimhäuten der Atmungsorgane, begünstigen den Heilverlauf bei Hautleiden und verstärken die Durchblutung, besonders die der Leber.

Erwarten Sie nicht, daß Sie dieser schmutzigen Brühe wie die Venus aus dem Bade entsteigen. Sie werden eher an einen Phönix aus der Asche erinnert, ermattet, geschafft, und doch mit neuen Kräften ausgestattet. Da diese Kräfte jedoch noch eine Weile schlummern, sollten Sie jedes Erd-Bad mit einer einstündigen Bettruhe beschließen.

Was macht dieses alte Heilmittel so modern? Die Substanzen aus dem Element Erde werden aufgenommen. Einmal im Körper, ziehen sie Bakterien, Fäulniserreger, Schlacken und Gifte an, saugen sie auf, binden sie und schaffen sie aus dem Körper. Säuren werden augenblicklich neutralisiert. Die Befreiung von diesen Schadstoffen jeder Art wirkt auf den Stoffwechsel erleichternd und anregend.

Das Hauptkampfgebiet der Heilerde ist der Darm. Sie kann in dieser »Giftküche« Gärung und Fäulnis eindämmen und war früher sogar ein Hausmittel gegen Lebensmittelvergiftungen. Auch Durchfall und Verstopfung werden günstig beeinflußt. Wenn die Heilerde gezielt gegen Störungen im Darmbereich eingesetzt werden soll, kann sie auch gezielt dorthin gebracht werden – durch Einlauf.

Nichts spricht dagegen, Ton, Lehm oder Heilerde in Flüssigkeit aufgeschwemmt zu trinken. Lösen Sie einen oder zwei Teelöffel eines Präparates aus der Apotheke – es ist dann völlig keimfrei – in einem halben Glas Wasser oder Tee auf und schlucken Sie kurz vor dem Essen dreimal täglich dieses Getränk. Schneller kann Ihnen das Element Erde nicht zu Hilfe eilen.

Entgiften durch Luft, Licht und Hitze

Was die Ärzte von den Raumfahrern lernen mußten – Warum wir beim Atmen nicht nur Sauerstoff tanken – Weshalb die erfrischende Wirkung vieler Luftkurorte nicht auf Einbildung beruht – Was den Aufenthalt am Meer so belebend macht – Warum es unter freiem Himmel die natürlichste Entgiftung gibt

Auf dem Spielplatz tummelt sich eine Horde Kinder. Zwei davon spielen Ball, zwei wippen auf der Schaukel. Ein älterer Parkbesucher beobachtet mißbilligend die Szene. Dann ruft er den Kindern zu: »Geht lieber nach Hause fernsehen, das ist gesünder.«

Humor zum Thema Luftverschmutzung, veröffentlicht in einer überregionalen Tageszeitung. Doch so schlimm steht es um unsere Atemluft keineswegs. Ganz im Gegenteil: Die Außenluft enthält im Durchschnitt nur ein Zehntel der Schadstoffe, mit denen wir in unseren vier Wänden rechnen müssen. Je stärker also die allgemeine Bedrohung Ihrer Gesundheit durch Rückstände in der Nahrung und Chemikalien im Haushalt ist, desto öfter sollten Sie sich die natürlichste, älteste und auch billigste Form der Entgiftung verordnen – die Reinigung des Körpers durch frische Luft. Davon profitieren nicht allein die Lunge, die Atemwege, die Außenhaut und der Darm, der Aufenthalt unter freiem Himmel hat auf den ganzen Menschen – genauso wie für jedes Tier – einen gesundmachenden Effekt. Die Biophysiologen haben ihn erst richtig zu schätzen gelernt, als sie auf ihn total verzichten mußten – in der Raumfahrt. Da stießen sie auf das Phänomen, daß Astronauten in ihren Raumkapseln unerklärlich rasch ermüdeten und abschlafften. Wie streng auch die Kriterien waren, nach denen man diese Männer und Frauen ausgewählt hatte, wie gesund, widerstandsfähig, ausgeglichen, mutig, wie nervenstark, durchtrainiert und begeistert sie auch sein mochten – diese in jeder Hinsicht topfiten Menschen waren nach wenigen Stunden in Aktion nicht wiederzuerkennen. Ihre Reaktionen wurden ungenau, ihre Konzentrationsfähigkeit schwand, ihre Energien erlahmten, ihre Motivation ließ nach. Mit Schwerelosigkeit allein konnten diese Vorgänge nicht erklärt werden. Denn am Boden, im Training, bei mehrstündigen Probeläufen in der Kapsel oder in abgeschlossenen Labors, erging es ihnen nicht besser. Sie fühlten sich wie »ausgebrannt«. Das war die Erklärung: Ihr Vorrat an elektrischer Energie, die sich in der Luft befindet, war verbraucht, ihre Batterien – wenn man so sagen darf – waren leer.

Den Astronauten fehlte die Atmosphäre und das elektrische Feld, das zwischen ihr und der Erde besteht. Die Erde ist ein elektrischer Leiter. Ihre Oberfläche ist negativ geladen, die Erdatmosphäre positiv. Zwischen All und Erde befindet sich ein elektrisches Kraftfeld. Seine Energien fließen von oben nach unten, was uns jedes Sommergewitter mit seinen Blitzen überzeugend vor Augen führt. Die gleiche Energie, die einen Blitz zur Erde leitet, ist ständig für uns und jedes andere Lebewesen wirksam, wenn auch erheblich schwächer. Ihre Einflüsse sind von Jahreszeit zu Jahreszeit, von Monat zu Monat oder von Tag zu Tag, selbst von Stunde zu Stunde verschieden. Auch Standort und Höhe sind bedeutend. Die Sonnenaktivität, der Umlauf des Mondes, die Anziehungskräfte der Planeten – all dies sind ebenfalls Kräfte, wenn auch noch von unbekannter Größe. Wir setzen uns ihnen unter freiem Himmel unbegrenzt aus, weniger in unseren vier Wänden, kaum in Räumen, die – im elektrischen Sinne – von der Außenwelt isoliert sind und die Eigenschaften eines Faradayschen Käfigs besitzen.

Jede Raumkapsel ist so ein Käfig. Versuche und Erfahrungen weisen darauf hin, daß das Fehlen der natürlichen Elektrizität immer die Energie eines Organismus beeinträchtigt. Alle Funktionen des Körpers, von der Atmung bis zur Verdauung, vom Herzschlag bis zum Nervenimpuls, profitieren von einem starken elektrischen Feld. Die einfachste Erklärung dafür ist, daß die Menschheit, seitdem es sie gibt, mit und in dem Kraftfeld an der Erdoberfläche gelebt hat. Unser Körper hat sich im Laufe der Jahrtausende an die Elektrizität der Atmosphäre gewöhnt, und er wird ja auch selbst von Strömen durchflossen, wenn auch in minimaler Stärke. Die Ströme des Gehirns gelten bei uns im juristischen Sinne als Beweis unserer Existenz. Sie sind nur meßbar, solange wir leben. Elektrische Impulse erregen unsere Nerven. Das Herz bedarf eines elektrischen Zündfunkens, der seinen Muskel zusammenzucken, schlagen läßt. Unter freiem Himmel erreicht dieser kontinuierliche Stromfluß in unserem Körper eine Stärke von zehn bis zwölf Ampere pro Sekunde. In der Natur wird diese Elektrizität in einem ständigen Strom aus den höheren atmosphärischen Schichten an die Oberfläche der Erde gebracht. Fehlt dieser Einfluß auf den Menschen – in einer Raumkapsel, in einer durch Beton und Metall abgeschirmten Wohnung, im Auto, im Flugzeug – ist rasche Ermüdung vorprogrammiert. Die Amerikaner haben dieses Problem für ihre Raumfahrer gelöst. Sie erzeugen das fehlende natürliche elektrische Feld auf künstlichem Wege. Jedes Raumschiff ist mit »antifatigue units« (Anti-Ermüdungs-Anlagen) ausgestattet. Das beste Anti-Ermüdungs-Programm für Sie ist der Aufenthalt unter freiem Himmel. Es ist auch ein vorzügliches Entgiftungsprogramm und wirkt ganz von alleine.

Die Wirkung der natürlichen Elektrizität folgt physikalischen Naturgesetzen. In der Atmosphäre wird Elektrizität in Ionen gespeichert. Das sind allerwinzigste Teilchen eines Atoms oder Moleküls. Beim Einatmen holen wir diese Teilchen gemeinsam mit Sauerstoff- und Stickstoffatomen der Luft in unseren Körper. Diese Ionen sind sehr aktiv und vitalisieren dank ihrer Elektrizität das Leben in jeder unserer Zellen – vorausgesetzt, daß unsere Atemluft genügend von ihnen enthält. Das ist nicht garantiert. Denn zwischen Himmel und Erde gibt es auch noch andere, viel größere elektrisch geladene Teilchen – Molekülkerne. Sie ziehen wie Fliegenfänger die vitalen, winzigen Ionen an, fangen sie ein und verklumpen sie zu großen Gebilden. Staub, Rauch, Nebel und jede andere Form der Luftverschmutzung verstärkt diese Klumpenbildung, durch die unsere Atemluft an elektrischer Leitfähigkeit und damit an vitalisierender Wirkung einbüßt. Je verunreinigter die Luft, desto mehr dieser großen Teilchen bilden sich, desto armseliger wird das, was wir den Atem des Lebens nennen. In den Ballungszentren der Städte ist der Überfluß an großen Ionen oft schon bedrückend, um nicht zu sagen: atemberaubend. Es gibt Messungen, die nur noch ein einziges vitalisierendes Ion unter 600 großen gezählt haben. In sauberer Luft, auf dem Land und im Gebirge, können belebende Ionen sogar heute noch überwiegen. Das Verhältnis drei kleine gegen ein großes ist normal. Die erfrischende Wirkung vieler Kurorte beruht beileibe nicht auf Einbildung. In zunehmender Höhe erhöht sich nämlich die Spannung der elektrischen Ladung. Zwar bleibt ihre Kraft kaum meßbar, aber mit jedem einzelnen Meter steigt ihre Voltzahl um 100 bis 150 an. Aber nicht nur die Höhe vitalisiert. Bewegtes Wasser und Wasserdampf erzeugen aufs neue elektrisch geladene Ionen in großer Zahl. Und es ist nicht allein der Jodgehalt des Wassers, der den Urlaub am Meer so anregend werden läßt. Der Wind, die Wellen, die Verdunstung des Wassers, die Strahlung der Sonne reinigen die Luft und laden sie verstärkt auf. Empfindsame Menschen können dieses Mehr an Energie auch unangenehm spüren und mit Nervosität, Erregtheit und

Schlafstörungen reagieren. Doch der Organismus hat auch für diesen Fall vorgesorgt. Über die Haut geben wir Elektrizität wieder ab, auch einen Überschuß, wenn unsere »Batterien« voller Spannung sind.

Indische Yogis haben diese Zusammenhänge schon vor Jahrtausenden begriffen. Sie konnten schon vor vielen Generationen ihr Herz allein durch Kontrolle ihrer Körperströme zum Stillstand bringen – und sie wußten, daß es sich um die gleiche Energie handelt, die Blitze entstehen läßt. Einen gesunden, von belebender Luft durchströmten Menschen vergleichen die Yogis mit einem klaren Bergsee, in den ständig frisches Wasser fließt. Das Gegenteil können wir uns vorstellen: ein Sumpf mit stehendem Gewässer. Was Luftbäder so belebend und Barfußlaufen im vom Tau benetzten Gras so erfrischend macht, ist die »Elektrotherapie«. Kleidung und Kunstfasern, Schuhe aus Kunststoff, synthetische Teppiche erschweren den Austausch unserer Elektrizität. Wenn Sie weite, luftige Bekleidung aus natürlichen Materialien wählen, erleichtern Sie es der Luft, an Ihren Körper heranzukommen. Gehen Sie, so oft es möglich ist, vor die Tür, in die Natur, unter freien Himmel. Unsere Vorfahren haben viele Auswirkungen der Elektrizität, die wir heute sogar messen können, nicht gekannt. Aber Lust auf das Luftbad hatten sie dennoch. Der »Wasserdoktor« Sebastian Kneipp, der »Kräuterpfarrer« Johann Künzle, der »Wasserheiler« Vinzenz Prießnitz haben Luft und Licht in ihre Therapien miteinbezogen. Der ehemalige Färbereibesitzer Arnold Rikli, ein junger Schweizer, gründete vor mehr als 100 Jahren in Österreich die erste Heilanstalt für Sonnentherapie und ging als »Sonnendoktor« in die Reihe der Naturheiler ein. Als er noch Färber war, hatte er sich bereits jeden Mittag zwei Stunden lang nackt in die Sonne gelegt, um die giftigen Dämpfe, die er notgedrungen einatmete, wieder loszuwerden.

Unsere knapp zwei Quadratmeter Haut besitzen

Hunderttausende von Rezeptoren, die auf Luftzufuhr reagieren, darunter etwa 25 000 Meßpunkte für Wärmeeinstrahlung. Luft, Licht und Sonne verstärken die Verdunstung auf der Hautoberfläche und wirken bis tief in die untersten Schichten. Jede Empfindung von Kälte und Wärme regt die Durchblutung der Haut an. Die Haut quillt und nimmt mehr Blut auf. In der Entspannung lösen sich Verkrampfungen der haarfeinen Gefäße, so daß Stauungen abfließen können. Unter der sanften Massage von Luft und Licht kann die Haut besser entgiften, denn sie erhöht ihre Fähigkeit, Gifte und Schadstoffe aufzusaugen, vorübergehend einzulagern und nach außen abzuleiten. Dies sind Auswirkungen, die sich in der Haut selbst abspielen und über die bereits die Griechen, die Römer, die alten Ägypter und die Wikinger Bescheid wußten. Aber Luft und Licht begünstigen nicht nur die Haut allein. Sobald sie stärker durchblutet wird, fließt auch im übrigen Körper – also weit unter der Haut – das Blut besser, besonders, wenn es gestaut war. Davon profitiert jedes Organ, am stärksten jedoch die Nieren und die Leber, die bei der Entgiftung des Körpers auf steten und starken Blutstrom angewiesen sind. Andere Auswirkungen konnten erst mit feinsten Meßgeräten nachgewiesen werden. Das Kapillar- und Nervensystem des ganzen Körpers wird von den Reaktionen der Haut mitbeeinflußt. Die Arbeit der endokrinen Drüsen, die Bildung von Immunkörpern, die Aktivität der Schleimhäute und die Arbeit vieler Regelsysteme hängen eng mit den Informationen, die die Haut gibt, zusammen. So besteht eine verheißungs- oder verhängnisvolle gegenseitige Abhängigkeit des Zustands der Haut von der Wirksamkeit innerer Organe und umgekehrt. Wir wissen heute, daß Hautkrankheiten selten nur eine lokale Krankheit sind. Ihre Ursachen liegen meist tief im Körper verborgen.

Um etwas für Ihre Haut zu tun, müssen Sie nicht eine mehrwöchige Kur im Gebirge machen. Schon ein

Luftbad von fünf bis zehn Minuten hat belebende und entgiftende Wirkung. Am Vormittag und im Frühjahr empfindet der Körper diese Reize besonders wohltuend. In diesen Jahreszeiten ist vor allem die Intensität der Sonnenstrahlen so mild, daß selbst die nackte Haut kranker, rekonvaleszenter, sehr alter oder sehr junger Menschen die frische, reine Luft ohne jede Anstrengung erträgt.

Diese Milde rührt von der äußerst schwachen Wärmeleitfähigkeit der Luft her. Sie wiederum erlaubt uns den Genuß von Luftbädern noch bei Temperaturen, die im Wasser unerträglich wären. Denken Sie nur an die Sauna. Dieses trockene Heißluftbad bei Temperaturen zwischen 80 und 100 Grad, aktiviert ganz langsam die Hitzeabwehr im Körper. Dabei verhindert die auftretende Verdunstungskälte eine Überhitzung des Gewebes. Pro Minute wird eine Schweißmenge von etwa 30 Gramm ausgeschieden – und mit dem Schweiß giftige Schlacken. Dieser heftige Flüssigkeitsverlust treibt die Nieren zu Höchstleistungen an. Dabei werden wiederum aus dem Blut höhere Mengen an Stoffwechselabfällen gefiltert, die mit Gewebsflüssigkeit in unsere Adern gelangt sind. Gehen Sie in die Sauna nicht mit ganz leerem und nicht mit ganz vollem Magen. Sparen Sie sich Ihren Durst für hinterher auf. Wenn Sie Flüssigkeit schon während des Saunabades, in den Ruhepausen nach den Durchgängen, zu sich nehmen, schwitzen Sie nicht schlakkenreiches Gewebswasser aus, sondern erst einmal Ihre Getränke. Das wäre keine Entgiftung. Nach körperlicher Betätigung befreit das Saunabad zusätzlich von Stoffwechselabfällen, die bei verstärkter Muskelarbeit anfallen. Das kann Ihnen sogar den Muskelkater ersparen.

Es wird vermutet, daß starke Transpiration nicht nur chemischen Ballast ausscheidet, sondern auch elektrischen – nämlich überflüssige Ionen. Gleichzeitig wird in der Wärme neue Elektrizität aufgenommen. Dieses Entgiften und Aufladen macht, bei aller Ermüdung, die belebende Wirkung des Saunabades aus.

Über die Frage, wer, wann, wie und wie lange in eine Sauna gehen sollte, wurden Dutzende Bücher geschrieben. Man kann zum Vergnügen, zur Entspannung, zur Regenerierung saunieren. Wenn es um Entschlackung und Entgiftung geht, genügt bereits das maßvolle Saunabad ohne eiskalte Güsse oder Tauchbäder hinterher. Kühlen Sie Ihren Körper mit frischer Luft – Sie wissen, warum. Diese sanfte Art, die Sauna zu genießen, belastet Herz und Kreislauf nicht allzu sehr. Aber fragen Sie, wenn Sie Zweifel haben, dennoch Ihren Arzt.

Die Luft treibt nicht nur Gifte aus dem Körper heraus, sie tötet auch Bakterien. Vielleicht haben Sie in Ihrer Kindheit noch erlebt, wie Ihre Großmutter jeden Morgen das Bettzeug der ganzen Familie für eine Stunde an die Luft gehängt hat. Wenn Sie sie gefragt hätten, warum, hätte sie es Ihnen auch sagen können. Während der Nacht scheidet der Körper beträchtliche Schweißmengen aus. Bettwäsche und Bettzeug aus natürlichen Materialien – Baumwolle, Schafwolle, Wildseide und echte Daunen – nehmen die Flüssigkeit zur Gänze auf. An der Luft trocknen sie schnell wieder, dabei werden Bakterien und andere Krankheitskeime abgetötet. Einen ähnlichen Effekt erzielen Sie, wenn Sie Ihre Wohnung regelmäßig lüften und den Staub absaugen.

Wir betrachten die Natur als etwas Sauberes, Reines und uns Menschen als diejenigen, die diesen paradiesischen Urzustand zerstören. Tatsächlich werden viele, allein unserer Zivilisation angelasteten giftigen oder krebserregenden Stoffe auch von der Natur selbst produziert – und nicht erst jetzt. Sogar das Seveso-Gift Dioxin! So wurden bei Bohrungen im Untergrund großer Gewässer, zum Beispiel im Zürichsee, in den Sedimenten Spuren von Dioxin und anderen hochgiftigen Substanzen gefunden, die mit Sicherheit seit der Mitte des 19. Jahrhunderts dort lagern. Wie sie unter dem See entstanden oder dorthin gekommen sind, ist ein Rätsel. Es scheint festzustehen, daß Dioxin-Verbindungen in der Natur vorkommen können, ohne daß der Mensch daran beteiligt ist, etwa beim Verglimmen von großen Torfflächen. Doch die Natur vergiftet nicht nur, sie verfügt auch über viele Mechanismen, mit denen sie dank der Luft Gifte beseitigt. Wie sie das macht, ist noch weitgehend unerforscht. Vermutlich gibt es viel mehr Lösungswege als uns mittlerweile bekannt sind. Unbestritten ist, daß das Chlorophyll des Blattgrüns mit Hilfe von Licht, Wasser und Mineralien giftiges Kohlendioxid in Sauerstoff verwandelt. Einige Pflanzen entfernen sogar Formaldehyd aus der Luft! Am fleißigsten sind auf diesem Gebiet die Spinnenpflanzen. Diese Zimmergewächse verschlingen am meisten von diesem chemischen Gas. Umweltschützer haben errechnet: Wer in seinem 40-Quadratmeter großen Wohnzimmer 16 Spinnenpflanzen gedeihen läßt, braucht vor verschmutzter Raumluft keine Angst mehr zu haben. Ausgenommen Kettenraucher. Denn Zigarettenrauch enthält Dioxin. Wer auf ein tägliches Quantum von 20 Zigaretten kommt, nimmt mit dem blauen Dunst darüber hinaus mehr Cadmium auf als vermutlich mit seiner ganzen Nahrung. Deshalb sollen Raucher, aber auch Nichtraucher, dafür sorgen, daß ihnen so oft wie möglich frische, unverbrauchte Luft unter die Haut geht. Häufiges Draußensein hilft auch Ihrem Aussehen. Die freie Natur verleitet automatisch zu tieferen Atemzügen. Wenn mehr Sauerstoff ins Blut gelangt, funktioniert auch der Zellstoffwechsel der Haut besser – und das ist die Basis einer gesunden, schönen, reinen Haut.

Sie ist schon wunderbar, die Leistung unserer Haut. Durch ihre Milliarden Poren leitet sie Abfallstoffe aus dem Körper, was ihr den Namen »dritte Niere« eingebracht hat. Kontinuierlich hilft sie unseren Entgiftungsorganen. Gleichzeitig leitet die Haut mit Milliarden feinster Nerven jeden äußeren Reiz vollautomatisch zu den Steuersystemen der Drüsen und Nerven. Wenn Sie also Luft und Licht auf sich einwirken lassen, kommt das ohne Umweg Ihrem »inneren Arzt« zugute. Lassen Sie sich die Lust an der Luft nicht nehmen, auch nicht mit Hinweisen auf die Verschmutzung unserer Umwelt. Damit haben sich auch schon frühere Generationen herumschlagen müssen. Der folgende Erlaß beweist es: »Wir sind bestrebt, die uns durch Gott geschenkte Gesundheit der Luft durch unsere Vorsorge, soweit uns dies möglich ist, rein zu erhalten. Wir verfügen deshalb, daß es niemandem gestattet ist, in Gewässern, die weniger als eine Meile von einer Ansiedlung entfernt liegen, Flachs oder Hanf zu wässern, weil dadurch die Beschaffenheit der Luft ungünstig verändert wird.«

Dieser Erlaß stammt aus der Feder von Kaiser Friedrich II. und wurde Anno Domini 1231 proklamiert.

Entgiften durch die Natur

Wie die alten Römer ihre Liebeskraft stärkten – Medikamente aus der Apotheke der Natur – Ein Hausmittel gegen das Seveso-Gift – Warum eine Kaiserin in Eselsmilch badete, und wie Sie den gleichen Erfolg mit viel weniger Aufwand erzielen können

Es muß ein Bild für Götter gewesen sein – zumindest für den Liebesgott. Die alten Römer ließen sich von ihren Sklaven die nackten Lenden, das Gesäß und, wie der Dichter Petronius schamhaft formulierte, »die Stelle unter dem Nabel« mit zu Sträußen gebundenen Brennesselstauden peitschen, bis ihre Haut feuerrot war. Andere ältere Herren wälzten sich gleich johlend und jammernd nackt in Brennesselfeldern. Der Grund dieser Prozeduren: Der Liebesgott sollte ihnen »die Männlichkeit zurückgeben« (Petronius). Auch der Dichter Ovid pries ein Getränk aus Brennesselsaft als Liebestrank. Und lange vor ihm haben schon die berühmtesten Ärzte der Antike, darunter Hippokrates, und nach Christi Geburt Dioskorides und Galen Kraut und Samen der Brennessel das Mittel der Wahl bei schwindendem Liebesfeuer genannt. Sie wußten außerdem, daß die Brennessel – und besonders ihr Samen – zu schwache oder zu starke Monatsblutungen normalisiert, Harn und Winde fördert und blutende Wunden stillt. Sie wußten es einzig aus Erfahrung, so wie eineinhalb Jahrtausende nach ihnen der Frankfurter Stadtarzt Adamo Lonicero überzeugt war, daß die Wirkstoffe dieser Pflanze Nierensteine auflösen können: »Nesselsamen ist gut für den Stein/sonderlich in Lenden. Gepulvert und mit Wein getrunken/vertreibt er den Stein in Lenden.

In Wein gepulvert/und darüber getrunken/vertreibet er den Husten.«

Bis an das Ende des letzten Jahrhunderts enthielt jedes Kräuterbuch Hinweise auf die Wirkung und Anwendung des Brennesselsamens. Dann geriet er in Vergessenheit. Er wurde erst in den letzten Jahren wiederentdeckt, als modernste Analyseverfahren die Schätze in diesem kaum eineinhalb Millimeter langen Korn bloßlegten: wertvolle Öle, ungesättigte Fettsäuren, Chlorophyll, Carotin, Vitamin E, pflanzliche Hormone, Quell- und Gerbstoffe. Sie alle zusammen bewirken eine tiefgehende Durchblutung, starke Ausscheidung und rasche Abheilung entzündlicher Prozesse, vor allem der Magen-Darmschleimhaut.

Ich erwähne dieses Jahrtausende alte Heilmittel deshalb gleich zu Anfang des Kapitels, weil noch immer gilt, was im Jahre 1929 den berühmten Pflanzenheilkundler Professor Dr. H. Schulz klagen ließ: »Es muß zugestanden werden, daß in unserer Pflanzenwelt ein großer, bisher nur ungenügend gehobener Schatz an Heilkräutern verborgen liegt. Man ist aber zu leicht geneigt, auf alles, was Volksheilmittel heißt, mit einer gewissen souveränen Nichtachtung herabzusehen.« Den Extrakt der Brennesselwirkstoffe gibt es heute in jedem Reformhaus, und vielleicht erlebt dieses Unkraut im Kampf des Menschen gegen Umweltgifte eine neue Blüte.

Und nicht nur die Brennessel. Auf die Funktionen der Leber und der Nieren, auf den Zustand des Magen-Darm-Traktes und der Haut, auf die Tätigkeit der Atemorgane und der inneren Drüsen nehmen unzählige Heilpflanzen wirksamen Einfluß. Sie sind harntreibend oder blutreinigend, bakterientötend oder verdauungsfördernd. Sie regen an oder beruhigen, sie heilen Entzündungen oder lösen Krämpfe. Sie regulieren den Stoffwechsel, stimulieren oder beruhigen, sie regulieren den Darm oder führen ab. Jedes unserer Entgiftungsorgane reagiert auf eine Vielzahl von Wirkstoffen ganz besonders sensibel.

Wenn Sie den Nieren helfen wollen:

Kräutertees und Frischobstsäfte fördern die Wasserausscheidung und erleichtern die Entgiftungsfunktionen. Lassen Sie bei den Tees Ihren Geschmack entscheiden. Zur Wahl stehen Hagebutten, Solidago, Melisse, Beerentraubenblätter oder der indische Nierentee, genannt Jawatee oder Koemis-Koetjing-Tee. Frisch gepreßte Obstsäfte versorgen die Nieren mit Vitalstoffen. Sie sind bei der Ausschwemmung von Toxinen, also Giftstoffen, besonders aktiv. Obst- oder Naturreis-Tage stärken den Entschlackungseffekt der Nieren. Frischkost und der Verzicht auf Salz intensivieren ebenfalls die Giftausscheidung.

Im Reformhaus, in der Apotheke oder auf den Wochenmärkten werden weitere Hausmittel gegen Nierenprobleme angeboten. Zum Beispiel Liköre, Extrakte, medizinische Weine auf der Basis von Artischocke, Wacholderbeeren, Rosmarinblättern, Kieferknospen, Mispelkernen und Holundersaft. Sie können aber auch ganz einfach Rosmarin und Wacholder ein wenig intensiver in ihrer Küche verwenden oder Wacholderbeeren zerkauen. Sie sind allgemein entgiftend.

Verzichten Sie statt dessen auf harntreibende Medikamente, die Quecksilber enthalten. Sie sind für schwache Nieren eine große Gefahr. Gönnen Sie sich lieber ein wohltuendes Sitzbad mit den Wirkstoffen der Eichenrinde oder der Kamille. Setzen Sie sich in eine mit 35 Grad warmem Wasser gefüllte Wanne und lassen Sie heißes Wasser zufließen, bis die Temperatur 40 bis 43 Grad erreicht. Nach diesem Sitzbad wird Ihnen nicht so schnell etwas an die Nieren gehen.

Wenn Sie der Leber helfen wollen:

Menschen mit einem Leberproblem stehen am Morgen schwer und mit dumpfem Kopf auf, aber abends sind sie frisch und aufgedreht, so daß sie kaum einschlafen können. Die meisten Schlaftees sind deshalb eigentlich Lebertees, weil sie Bitterstoffe enthalten, die unser wichtigstes Entgiftungsorgan beleben. Tees aus Hopfen, Pfefferminze und Melisse eignen sich ganz vorzüglich für einen Fastentag, der jeder überforderten Leber guttut. Erlaubt sind frisches Obst, besonders Äpfel, Orangen und Beeren. Aber auch Trockenobst und Honig bekommen der Leber vorzüglich. Sie ist nämlich richtig süchtig auf Zucker, und der natürliche Fruchtzucker ist dem raffinierten weißen Zucker und dem Traubenzucker haushoch überlegen. Obst, Rohgemüse und Vollkornprodukte sind leberfreundliche Lebensmittel. Leinsamen und viele Küchengewürze wirken anregend auf ihre Funktionen: Anis, Fenchel, Muskat, Majoran, Rosmarin, Nelke und Zimt. Ersparen Sie ihr Kochsalz, Senf und Pfeffer.

Die meisten Wirkstoffe, die einer geschädigten Leber guttun, hat die Natur in der Mariendistel konzentriert. Allen voran Silymarin, eine Substanz, die die Zellen der Leber weitgehend vor schädigenden Einflüssen von außen schützt. Mariendistelpräparate gibt es in flüssiger Form und als Dragees. Wo der Schutz der Zellmembrane zu spät kommt, kann vielleicht ein ganz unscheinbares altes Hausmittel Hilfe schaffen – Aktivkohle. Daß sie bei Magen- und Darmverstimmungen Krankheitserreger binden und rasch ausscheiden kann, haben schon viele Generationen vor uns gewußt. Daß Aktivkohle unter Umständen das Seveso-Gift Dioxin beseitigt, haben Tierversuche im Jahre 1982 bewiesen. Hunde, Ratten und Mäuse wurden mit dioxinhaltigen Insektenschutzmitteln besprüht, bis das Gift in ihrem Fettgewebe nachzuweisen war. Hunde und Ratten erwiesen sich als relativ unempfindlich gegen diese Schäden. Bei den Mäusen drang das Dioxin jedoch rasch bis in die Leber vor. Man fütterte sie mit Aktivkohle und stellte verblüfft fest: Abbau und Ausscheidung des Dioxins beschleunigten sich erheblich. So kommt einem bewährten Hausmittel gegen Durchfälle oder Nahrungsmittelvergiftungen im Kampf gegen hochgiftige Substanzen vielleicht eine Sonderstellung zu.

Wenn Sie Ihrem Magen und Darm helfen wollen:

Beginnen Sie mit einem Tee aus den frischen Blättern der Pfefferminze und dem trockenen Kraut des Wermut. Die ätherischen Öle der einen Heilpflanze sind verdauungsfördernd und gärungshemmend und entspannen, die kräftigen Bitterstoffe der anderen sind magenstärkend, entzündungshemmend und entgiftend. Nehmen Sie von dieser Teemischung einen gehäuften Teelöffel auf einen Viertelliter Wasser, und lassen Sie den Tee nur drei Minuten ziehen. Dieser bitter schmeckende Sud neutralisiert sogar das Gift aus Insektenstichen.

Menschen mit Magen-Darm-Problemen haben einen höheren Vitaminbedarf. Weizenkeime, Trockenhefe und Sanddorn schaffen Abhilfe. Trinken Sie in kleinen Schlucken und nur temperierte Säfte. Legen Sie einen Schontag mit Kartoffelbrei, pürierten Bananen oder feingeriebenen Äpfeln ein. Frischer Löwenzahn, aus dem sich ein köstlicher Salat bereiten läßt, regt die Produktion von Gallensäften an, ohne die es keine Verdauung gibt. Seine harntreibende, blutreinigende Wirkung bekommt dem Magen- und Darmtrakt ganz vorzüglich. Ähnlich ist Tee aus der Mariendistel.

Und wenn Sie sich der üppigen Mahle Ihrer Kindheit erinnern, werden Sie bestätigen, daß unsere Mütter und Großmütter den Kümmel noch besonders geschätzt haben. Dieses Gewürz ist sehr magen- und darmfreundlich und erleichtert die Verdauung. Auch gab es früher keinen Haushalt, in dem für schwache Mägen nicht wenigstens eine Sorte Likör oder medizinischen Weins auf der Basis von Anis, Koriander, Kümmel, Lindenblättern, Rhabarberwurzel, Salbei oder Schlehe kredenzt wurde. Diese Elixiere werden heute auf den Wochenmärkten wieder angeboten, wenn nicht, können Sie sich diese Heilpflanzen in Wein oder siebzigprozentigem Alkohol selbst ansetzen. Achten Sie darauf, daß Gifte, Fäulnisstoffe und Rückstände schnellstens aus dem Darmbereich entfernt werden. Leinsamen, Feigen, Pflaumen und der Saft von Sauerkraut beschleunigen das Tempo. Ebenso keimfreie Heilerde aus vulkanischen Urmassen, in Säften oder Tees getrunken, oder in Tablettenform.

Wenn Sie der Haut helfen wollen:

»Die Haut ist das größte Reinigungsmittel des Körpers.« Nach dieser Devise behandelte der Naturarzt Christoph Wilhelm Hufeland seine Patienten, zu denen auch der Geheimrat Goethe zählte. Vor knapp zwei Jahrhunderten richtete Hufeland sein Augenmerk auf den Umstand, daß aus Millionen haarfeiner Gefäße in der Haut unaufhörlich in winzigsten Mengen Flüssigkeiten austreten, die, wie er es nannte, »verdorbene, abgenutzte und verbrauchte Teile« aus dem Körper aussondern. Diese Giftableitung funktioniert im wesentlichen durch Verdunstung. Alles, was diese Ausscheidung und diese Beseitigung von Schadstoffen fördert, hilft der Haut, gesund und funktionstüchtig zu bleiben. Von allem, was wir essen, ist das grüne Blatt am besten geeignet, Stoffwechselgifte und Eiweißschlacken über die Haut auszuscheiden. Das funktioniert sogar, wenn wir die grünen Blätter nicht essen, sondern auflegen. Wobei die Haut an den Fußsohlen besonders aufnahmefähig ist, weil dort viele Nervenbahnen enden, die zu den Organen führen.

Alte Hausmittel, die der Haut bei ihrer Reinigungsfunktion helfen, sind Packungen frischer Birkenblätter. An den Füßen und Fußsohlen sind sie besonders wirksam. Das gleiche gilt für Kohlblätter, die Sie vom Stengel lösen, von der dicken Mittelrippe befreien und mit einem Nudelholz oder einer Flasche flachdrücken. Wenn Sie abends eine solche Packung auf einer mit Olivenöl benetzten Problemzone, zum Beispiel im Bereich der Leber oder der Nieren, auflegen, dann sind die Blätter morgens mit Giftstoffen vollgesogen.

Sie können die Haut aber auch mit Entgiftungsbädern entlasten. Apollonia, die Gattin von Kaiser Nero, badete vorzugsweise in Eselsmilch. Wenn sie verreiste, wurden 500 Eselinnen mitgeführt, und die Bevölkerung pflegte zu spotten: »Da kommen sie wieder, die fünfhundertundeine Eselinnen …« Diesem Spott setzen Sie sich nicht aus, wenn Sie sich ein Milch-Molke-Bad gönnen, dessen Zutaten es in der Apotheke oder im Reformhaus gibt. Aber vielleicht entdecken Sie auf dem Wochenmarkt Zinnkraut oder Schachtelhalm. Lassen Sie davon zwei bis vier Pfund über Nacht in kaltem Wasser liegen, kochen Sie den Sud kurz auf und fügen Sie ihn dem Badewasser bei. Dieses Hautbad hilft sogar, eitrige Hauterkrankungen zu heilen. Pflegen Sie Ihre Haut hinterher mit einer Nährcreme. Besonders entgiftend und heilungsfördernd ist auch ein Schwitzbad im Bett. Sie füllen mindestens vier Wärmflaschen mit heißem Wasser, hüllen sie in heiße, nasse Tücher und gehen damit ins Bett. Trinken Sie rasch eine Tasse Lindenblütentee und decken Sie sich dicht und fest zu. Nach ein bis zwei Stunden Schwitzen legen Sie sich in die mit mäßig warmem Wasser (30 Grad) gefüllte Wanne und dann erneut ins Bett – diesmal ohne Wärmflaschen, zum Erholen.

Derartig wohltuende Wirkungen können Sie auch mit ganz wenig Aufwand erzielen; zum Beispiel beim Trockenbürsten. Dazu nehmen Sie ein großes Handtuch, eine Wäschebürste oder einen Massagehandschuh. Sie bürsten damit Ihre trockene Haut, wie bei den Kneipp-Güssen immer weit vom Herzen weg zum Herzen hin. Rechtes Bein von den Zehen zur Hüfte, dann linkes Bein. Rechte Hand über den Arm bis zum Schultergelenk, dann linker Arm. Den Bauch von der Blinddarmgegend kreisförmig rechts rauf, links runter. Den Rücken von der Mitte nach außen.

Der Gesichtshaut können Sie ganz intensiv helfen, indem Sie sehr sanft das Lymphsystem in Fluß bringen. Es ist das Abwassersystem des Körpers. Lymphe ist das Gewebewasser, das Schlacken aus den Zellzwischenräumen zu den Lymphknoten transportiert. Die Lymphe hat keine Pumpe, die sie antreibt. Allein die Arbeit der Muskeln hält sie in Fluß. Aber wer bewegt sich schon genug? Bettlägerigkeit, langes Stehen und Sitzen, flaches Atmen, Übergewicht und Genußgifte lassen dieses System der Körpersäfte versumpfen. Hier hilft bereits eine sanfte Lymphmassage. Erst streichen Sie die Lymphknoten links und rechts vorne am Halse frei. Dann massieren Sie ganz leicht die Haut von der Nase und vom Mund über die Wangen hinunter bis unter den Kiefer und von da hinauf zum Ohr. Danach von der Schläfe und von den Augen ebenfalls hin zum Ohr.

Wenn Sie am nächsten Morgen merken, daß Ihr Gesicht nicht mehr so verquollen, Ihre Tränensäcke nicht mehr so prall gefüllt sind, dann sehen Sie mit eigenen Augen, wie leicht es ist, Ihrem Körper bei der natürlichen Entgiftung beizustehen. Probieren Sie auch die anderen Rezepte ruhig einmal aus. Der Erfolg wird Sie überzeugen. Vertrauen Sie der Erfahrung von Christoph Wilhelm Hufeland, der uns diesen wunderschönen Satz hinterlassen hat:

»Die Natur bleibt immer eine gütige Mutter. Sie liebet und belohnt den, der sie sucht.«

Entgiften durch Frischzellen

Die Zelle: »Sitz des Lebens« – Professor Niehans und die Entdeckung der Frischzellentherapie – Wie Verschlakkung und Selbstvergiftung rückgängig gemacht werden können – Frischzellen gegen radioaktive Verseuchung – Wie sie wirken, helfen und heilen

Sterben wir an Selbstvergiftung? Werden wir alt, krank und schließlich lebensunfähig, weil unsere Zellen immer funktionsuntüchtiger werden, weil unser Körper von Stoffwechselschlacken überschwemmt wird? Der überwiegende Teil der Altersforscher, der Biologen, Chemiker und Ärzte ist davon überzeugt.

Aber wie diese Schlacken entstehen, was sie in unserem Körper anrichten und auf welche Weise sie uns schließlich umbringen, darüber sind die Meinungen geteilt. Fest steht nur eines: Alles Leben beginnt in der Zelle, alles Leben endet in der Zelle.

Der Begriff Zelle wurde von dem englischen Physiker Robert Hooke geprägt. Er betrachtete Korkscheiben unter einem selbstgebastelten Mikroskop. Dabei entdeckte er winzige Gebilde, die wie Honigwaben aussahen. Hooke nannte diese Gebilde Zellen.

Trotz allen Fortschrittes, trotz der Erfindung von Teleskopen, mit denen wir Tausende von Lichtjahren in das Weltall hineinblicken können, ist die Zelle noch immer unerforscht.

Ihr Hauptbestandteil, die DNS (Desoxyribonukleinsäure), wurde erst 1924 von dem Gießener Physiologen Robert Feulgen entdeckt. Aber es mußten noch einmal 20 Jahre vergehen, bis der Amerikaner Oswald Avery erkannte, daß die DNS der Träger aller genetischen Informationen ist.

Von nun an machte die Wissenschaft rasche Fortschritte. Im Jahre 1953 entdeckten der Amerikaner J. Watson und die Engländer F. Crick und M. Wilkins die räumliche Struktur, die sogenannte Doppelhelix der DNS. 1962 erhielten sie dafür den Nobelpreis.

Watson bezeichnete die Doppelhelix als eine Art »Wendeltreppe«, eine spiralförmige Leiter, deren Holme sich umeinanderwinden. Die Sprossen dieser genetischen Leiter bestehen aus vier Nukleotid-Basen: Adenin, Cotesin, Guanin und Thymin. In diesen Nukleotiden sind alle Erbinformationen eines Organismus, ob Mensch oder Tier, wie in einem Bauplan festgelegt.

Die Entzifferung eines genetischen Codes gelang 1965 dem Amerikaner Robert W. Holley. 1967 konnte der DNS-Strang eines Virus synthetisiert werden. 1974 fanden schließlich zwei Amerikaner und ein Japaner ein Enzym, das die Rekonstruktion der DNS vereinfacht. Diese Entdeckung wird zwar die Erforschung des genetischen Codes des Menschen vereinfachen, aber von seiner Entschlüsselung sind wir noch weit entfernt. Von den etwa 100 Millionen Genen der menschlichen Zelle konnten bisher kaum mehr als 1000 lokalisiert werden – ein verschwindend kleiner Teil.

Aber wir wissen, wie der Staat Zelle funktioniert: Die Kommandozentrale der DNS befindet sich im Mittelpunkt. Von ihr gehen die Befehle an die RNS-Moleküle, die »Boten«, aus. Sie geben diese Informationen an das Zellplasma, die Eiweißfabrikanten weiter. Diese wiederum produzieren, strikt nach Befehl, ganz spezifische Eiweißstoffe: die Bausteine des Lebens.

Der »Staat« Zelle verfügt über alles, was ein Gemeinwesen zum reibungslosen Funktionieren befähigt: Energieversorgung, Nachrichtenzentrale, Überwachungssysteme, Reparaturwerkstatt, Polizei und Müllabfuhr.

Alles, was in unserem Organismus vor sich geht,

hängt von den Zellen ab: Stoffwechsel, Gesundheit, Krankheit, Erbfehler, Alterungsprozeß, Tod. Wenn in dieser Fabrik, in der Rohstoffe durch Enzyme verarbeitet und Abfallstoffe aussortiert und weggeschafft werden, irgendein Fehler gemacht wird, dann wirkt sich das auf den ganzen Organismus aus.

Wodurch diese Fehler entstehen – darüber gibt es viele Theorien. Die meisten gehen davon aus, daß sie durch Schlacken und giftige Abfallprodukte verursacht werden.

Einer der berühmtesten Gerontologen, Richard Hochschild, der mit einem Team hochqualifizierter Wissenschaftler in einer Forschungsstätte in Corona del Mar/Kalifornien das Geheimnis vom Stoffwechsel der Zellen erforscht, ist der Meinung, daß zwei Stoffwechselsubstanzen zu Alter, Krankheit und Tod führen. Das sind einmal die Lysosomen, winzig kleine Säckchen, die aus einer Membrane und verschiedenen Verdauungsenzymen bestehen. Die Lysosomen haben die Aufgabe, die von der Zelle aufgenommenen Nährstoffe abzubauen. Bei diesem Vorgang wird in der Regel auch ein Teil der Zellstruktur abgebaut, die sich aber durch eine Proteinsynthese wieder erneuert. Hochschild nennt die Lysosomen das »Abreißkommando«. Zerstörerisch kann dieses Kommando wirken, wenn durch verschiedene Einflüsse die hauchdünne Membrane zerreißt. Dann entweichen die auf Verdauung programmierten Enzyme und reißen die Zellstruktur ab. Die so geschädigten Zellen verlieren ihre Funktionsfähigkeit oder schränken sie ein. Im Laufe eines Lebens, so Hochschild, gehen auf diese Weise Milliarden Zellen ganz oder teilweise zugrunde. Und mit ihnen wird der gesamte Organismus geschädigt.

Als zweite Ursache für Zellschädigungen nennt Hochschild die Lipidperoxidation. Sie entsteht durch einen Vorgang, der für unser Leben unerläßlich ist: durch die Aufnahme von Sauerstoff. Wenn Sauerstoff mit Lipiden (fettähnliche Substanzen), aus denen die Zellmembranen bestehen, in Verbindung gerät, kommt es notwendigerweise zur Lipidperoxidation. Dieser Stoffwechselprozeß erzeugt wiederum außerordentlich reaktionsfähige Moleküle, sogenannte freie Radikale, die die Membranen durchlöchern und die Zellen zerstören können. Die Folgen sind Abnutzung, Schwächung, Vergiftung durch Stoffwechselschlakken – Tod.

Andere Altersforscher, wie Dr. Robin Holliday vom »National Institute for Medical Research« in London und Dr. Leslie J. Orgel vom Salk Institute in San Diego, vertreten die Meinung, daß der Zellentod auf fehlerhafte Proteine zurückzuführen sei. In jungen Zellen sind die Proteine normal und gesund. Mit zunehmendem Alter verändern sie sich, werden fehlerhaft und machen die Zelle funktionsuntüchtig.

Holliday führte eine Reihe von Experimenten an einem praktisch ewig lebenden Pilzgewächs, dem Fungi, durch. Dabei stellte er fest, daß die Pilze sehr rasch alterten, wenn ihnen Fehler eingeschmuggelt wurden. Holliday zog daraus den Schluß: Der Alterungsprozeß ist eine Folge dieser Fehler.

Auch Orgel gibt die Schuld an Krankheit und Alter den fehlerhaften Proteinen. Aber er geht noch einen Schritt weiter. Der Molekularbiologe ist davon überzeugt, daß diese Proteine spezifische Antikörper erzeugen, die eine Art Altersaggression auslösen. Das heißt: Es kommt zu einer Auto-Immunreaktion.

Dr. John H. Heller, der Direktor des »New England Institute for Medical Research« in Ridgefield, Connecticut, befaßt sich bereits mit Forschungen, wie man diese Fehler rückgängig machen kann. Wenn man, so meint Heller, einer jungen, vitalen DNS unverbrauchte, vitale Zellen entnähme und sie bei minus 270 Grad speicherte, so wären diese jugendlichen Zellen imstande, das inzwischen fehlerhafte DNS-Programm des Spenders nach 40 oder 50 Jahren zu erneuern.

Der genetische Code der jungen DNS, so meint Heller, enthülle möglicherweise zwar auch das Todesprogramm des Menschen, aber eine Verlängerung des Lebens und vor allem des beschwerdefreien Alterns wäre dadurch mit hoher Wahrscheinlichkeit erreicht.

Ob Oxidationsprozesse, freie Radikale, fehlerhafte Proteine oder einfach eine biologisch programmierte, sich verbrauchende Lebensenergie uns anfällig, krank und alt machen – darüber gibt es unterschiedliche Meinungen. Eines aber steht fest: Schon der berühmte Pathologe Rudolf Virchow hatte in seiner »Zellularpathologie« die Zelle als den Sitz des Lebens bezeichnet. Die Nerven oder die vier »Kardinalsäfte Blut, Schleim, schwarze und gelbe Galle«, die Hippokrates als den Quell allen Lebens erkannt haben wollte, ließ Virchow nicht gelten.

Wieso auch? Hatten Pflanzen Nerven oder Blut oder Galle? Nein, entschied Virchow. Aber sie lebten doch. Also muß das Leben in den Zellen stecken. Zellen sind überall vorhanden, im Blut, in den Nerven, in den Muskeln, in jedem Organ. Aus der Zelle alleine kommt das Leben, folglich ist sie auch der Herd für Krankheit und Tod. Wenn die Zellen schrumpfen und vom Bindegewebe überwuchert werden, dann, so folgerte Virchow, beginnt das Alter, bereitet sich der Tod vor.

Die Idee Hellers, durch junge, unverbrauchte Zellen alte, reparaturbedürftige zu erneuern, ist faszinierend. Aber neu ist sie nicht. Als 1866 der englische Physiologe R. Lower einem alten Hund das Blut eines jungen injizierte, um ihn zu verjüngen, war der erste Schritt auf dem Wege der Zelltransplantation getan. Ein Jahr später machte der Pariser Arzt und Mathematiker J. B. Denis ein solches Experiment mit Menschen. Er übertrug ihnen das Blut von Lämmern in die Venen. Daß schwerste Komplikationen eintraten, ist uns heute ganz selbstverständlich. Trotzdem muß sich eine Menge von verjüngungsfreudigen Greisen gefunden haben, denn die medizinische Fakultät von Paris sah sich schließlich gezwungen, diesem lebensgefährlichen Unfug ein Ende zu bereiten.

Denis wurde mit Spott und Hohn überschüttet. Es hieß: Für derartige Behandlungsmethoden würden drei Schafe benötigt. Eines, von dem das Blut stammt, ein zweites, das es sich injizieren lasse, und ein drittes, das eine solche Behandlung vornimmt.

Die Blutübertragung war in Verruf geraten. Im 20. Jahrhundert wurden erneute Versuche gemacht. Da man aber noch keine Blutgruppenbestimmung durchführen konnte, kam es immer wieder zu erheblichen Komplikationen. Die ersten Erfolgsmeldungen kamen 1926 aus der Sowjetunion. Der Wissenschaftler Bogdanoff schilderte günstige Resultate, die er mit der Blutübertragung von jungen Menschen auf alte erzielt hatte.

Während die einen im Blut den ganz besonderen Saft sahen, der die Jugend erhalten und das Leben verlängern konnte, setzten die anderen auf die Drüsen, vornehmlich auf die Keimdrüsen. Der Vater dieser Art von Verjüngung war Charles Brown-Séquard (1816 bis 1874), ein Mediziner und Forscher von fast manischer Besessenheit.

Seit seiner Studentenzeit beschäftigte ihn die Frage: Warum altert der Mensch? Warum sagt der Prophet: »Unser Leben währet 70 Jahre, und wenn es hoch kommt, 80«? Warum heißt es nicht 120?

Die meisten Säugetiere leben sechsmal so lange, wie ihre Wachstumszeit dauert. Auf den Menschen übertragen hieße das 120 Jahre. Warum sind uns nur 80, und das auch nur in Ausnahmefällen, vorbehalten? Warum müssen wir überhaupt sterben? Hat es etwas mit dem Wachstum zu tun, mit der Geschlechtsreife? Brown-Séquard dachte an nichts anderes, fragte seine Professoren wieder und wieder. Bis er die ungeduldige Antwort erhielt: »Finden Sie es heraus!«

In Frankreich stieß er mit seinen Experimenten auf Ablehnung. Er ging nach Amerika, wurde Professor der Medizin in Virginia. Als Patienten und Studienobjekte bevorzugte er Neger. Sie schienen ihm naturverbundener. Das brachte ihn in Konflikt mit der Sklavenhaltergesellschaft der Südstaaten. Er kehrte nach Paris zurück, nahm wenig später eine Professur in Harvard an, ging wieder nach Frankreich und schließlich als 50jähriger nach Nahant, USA, einem Fischerdorf in der Nähe von Boston.

Dort fing er zwölf altersschwache, herrenlose Hunde ein und injizierte ihnen einen Extrakt, den er aus den Hoden von Meerschweinchen gewonnen hatte. Gespannt beobachtete er die Reaktion. Nichts. Nur bei einem einzigen glaubte er eine Art Verjüngung feststellen zu können.

Einer von zwölf! Nach allen wissenschaftlichen Kriterien wäre das ein glatter Fehlschlag.

Aber es scheint, daß Brown-Séquard nicht wissen, sondern glauben wollte. Er ging wieder nach Paris. Als Präsident der Société de Biologie setzte er seine Studien fort. Diesmal waren es alte Kaninchen, die er mit dem Hodenextrakt von Meerschweinchen verjüngen wollte. Er und seine Assistenten Hénoque und d'Arsonval beobachteten die Tiere rund um die Uhr. Nach etwa einer Woche waren sie davon überzeugt, daß das Experiment gelungen war. Die Kaninchengreise waren weniger apathisch. Sie hoppelten fröhlich in ihren Käfigen und fraßen mit großem Appetit.

Für Brown-Séquard war das ein Triumph. Nun fehlte ihm nur noch das letzte Glied in der Beweiskette: der Versuch am Menschen. Der Forscher hatte auch schon ein geeignetes Objekt bereit: sich selbst.

Er war 72, verbraucht und gebrechlich. Länger als eine halbe Stunde konnte er in seinem Laboratorium nicht mehr stehen. Wenn er die Treppen zu seiner Wohnung hinaufstieg, mußte er sich am Geländer hochziehen. Sein Gang war gebeugt, seine Schritte schleppend. Kein Zweifel: Er war der richtige Mann.

Am 15. Mai 1889 bereitete er aus den Hoden eines

jungen Hundes einen Extrakt, versetzte ihn mit Glyzerin und einer Kochsalzlösung und injizierte sich die trübe, flockige Flüssigkeit unter die Haut.

Am nächsten Tag wiederholte er die Injektion. Die Prozedur, wobei er manchmal auch Meerschweinchen-Hoden verwendete, setzte er zwei Wochen lang fort. Danach war eine erstaunliche Veränderung mit ihm vorgegangen. Sein Rücken hatte sich gestrafft. Ohne Ermüdung arbeitete er den ganzen Tag im Labor. Am Abend schickte er den Kutscher weg und ging zu Fuß nach Hause. Die Treppen zu seiner Wohnung nahm er im Laufschritt.

Am 1. Juni stand er im großen Tagungssaal der Société de Biologie. Die Zuhörer, zum größten Teil ältere Wissenschaftler, sahen einen lebendigen, vitalen Mann mit blitzenden Augen. Brown-Séquard begann seine Rede:

»Ich will Sie nicht lange aufhalten! Der Anlaß, aus dem ich Ihre Aufmerksamkeit erbitte, ist der, Ihnen in wenigen Sätzen einen Rechenschaftsbericht über einen Selbstversuch zu erstatten, den ich in den letzten Wochen vorgenommen habe.

Die geistige Situation, aus der heraus ich ihn antrat, ist Ihnen bekannt. Jeder von Ihnen weiß, daß Kastraten durch allgemeine Schwächung und Mangel an geistiger und körperlicher Aktivität gekennzeichnet sind. Mir ist diese Ähnlichkeit zwischen dem Kastraten und dem alternden Mann schon vor Jahrzehnten aufgefallen, und ich habe mich gefragt, ob der körperliche und geistige Verfall von Greisen nicht ähnliche Ursachen haben könnte. Antwort konnte mir niemand anders geben als nur ich selbst. Darum habe ich mir Extrakt aus tierischen Keimdrüsen eingespritzt.

Ob diese Prozedur von Erfolg war, bitte ich Sie, mit eigenen Augen zu konstatieren. Sie haben mich vor wenigen Wochen in meiner Hinfälligkeit gesehen – Sie sehen mich heute. Die Entscheidung liegt bei Ihnen ...«

Tosender Beifall! Paris hatte seine Sensation. Auch die Académie française, dieses illustre Gremium der vierzig besten Köpfe der Nation, trat zusammen. Brown-Séquard wurde eingeladen, einen Vortrag zu halten. Wieder füllten seitenlange Berichte die Tageszeitungen.

Tausende faßten neue Hoffnung. Nur die Physiologen schüttelten die Köpfe. Was will Brown-Séquard gemacht haben? Hodenextrakt in Glyzerin und Salzwasser lösen? Das ist unmöglich. Der Extrakt läßt sich weder in Wasser noch in Glyzerin lösen, sondern einzig in Fett. Also ist Brown-Séquard ein Betrüger?

So weit mochten die Herren von der Faculté de Médicine nicht gehen. Sie nannten es Selbstbetrug und Brown-Séquard ein bedauernswertes Opfer.

Tatsächlich baute sich die Verjüngung des Professors ebenso rasch wieder ab, wie sie über ihn gekommen war. Aber Brown-Séquard wollte an keinen Irrtum glauben. Im Pariser Zuchthaus probierte er seinen Extrakt an zwei altersschwachen Sträflingen aus: Es stellte sich der gleiche überraschende Verjüngungseffekt ein, den er an sich selbst beobachtet hatte. Aber auch sie verfielen schon nach kurzer Zeit wieder in ihr vorheriges Greisentum.

Es war nichts mit dem Verjüngungsextrakt von Brown-Séquard. Und der kurzfristige Effekt? Ist er gar nichts? Die Professoren lächelten: Selbsttäuschung, der Glaube, der bekanntlich Berge versetzen kann.

Fünf Jahre hat Charles Brown-Séquard seinen Triumph und seine schmähliche Niederlage überlebt. Tief erbittert schrieb er die Erfahrungen von 50 Jahren Forschen und Experimentieren in einem einzigen Satz nieder: »Nicht eine einzige Stunde Leben werden wir dazugewinnen.«

Trotz der Nichtachtung und des Spotts, die er in den letzten Jahren ertragen mußte, hat Brown-Séquard ein Kapitel Medizingeschichte geschrieben.

Wir verdanken ihm die Förderung der Organtherapie und die Lehre von der inneren Sekretion.

Mit Brown-Séquard war das Gebiet der Verjüngung aus den Sudelküchen der Hexen und Magier, der Quacksalber und Scharlatane in die Laboratorien, Hörsäle und Praxen der Wissenschaftler und Ärzte hinübergewechselt.

Der großartige Wiener Physiologe Eugen Steinach (1861–1944) wollte alten Männern ihre Potenz zurückgeben, indem er ihnen die Samenstränge durchtrennte. Das, so meinte er, würde die innere Sekretion verstärken. Die Methode war zweifelhaft. Und der geradezu marktschreierische Rummel, der um sie gemacht wurde, diskreditierte sie noch mehr. Und doch hat sich diese Operation – nämlich die Unterbindung der Samenstränge – bis in die heutige Zeit erhalten, und m. E. auch mit gewissem Erfolg.

Für Serge Voronoff (1866–1951), einem nach Frankreich ausgewanderten russischen Chirurgen, der vor dem Ersten Weltkrieg ärztlicher Betreuer der Eunuchen im Harem des Khedive Abbas II. von Ägypten war, bedeutete Jugendlichkeit ebenfalls das gleiche wie Potenz. Er verpflanzte Scheiben von Affenhoden auf menschliche Hoden. Mindestens 2000 Transplantationen für je 5000 Dollar hat er durchgeführt. Aber auch diese »Verjüngung« war überaus kurzfristig, und als schließlich auch noch offenbar wurde, daß Voronoff seinen Patienten mit den Affenhoden auch die Syphillis übertragen hatte, häufte man Schmach und Spott über ihn.

In den Vereinigten Staaten machte John Romulus Brinkley das große Geschäft mit der zweiten Jugend. Zur »Absorbierung« transplantierte er Ziegenbockhoden auf die Hoden seiner Patienten. 27 Jahre praktizierte er diese Methode. Wie sie den Patienten bekommen ist, weiß man nicht genau. Denn Brinkley, dem die Operation in den USA verboten worden war, hatte seine Praxis nach Mexiko verlegt. Wie die Methode

Brinkley selbst bekommen ist, weiß man hingegen sehr genau. Als er 1942 starb, wies sein Kontostand die gewaltige Summe von zwölf Millionen Dollar auf.

Ein anderer Arzt arbeitete etwa zur gleichen Zeit an dem Problem der Drüsenverpflanzung. Da er aber nicht die Keimdrüsen, also die Sexualität, in den Mittelpunkt seiner Experimente stellte, war er weniger der lüsternen Neugier einer breiten Öffentlichkeit ausgesetzt. Hinzu kam, daß er nicht darauf angewiesen war, die Erfolge seiner Forschungen und Behandlungsmethoden materiell auswerten zu müssen. Der junge Chirurg Dr. Paul Niehans war ein reicher Mann. Sein Vermögen wurde auf acht Millionen Schweizer Franken geschätzt. Diesen Goldschatz verdankte er seiner Herkunft. Er war ein Enkel König Friedrichs III. von Preußen und dessen ehemaliger Geliebten, der Gräfin Fürstenberg. Als sich die Folgen dieser Liaison nicht mehr verbergen ließen, ging die Gräfin in die Schweiz. Dort schenkte sie einer Tochter, Anna Franziska, das Leben. Diese Anna Franziska, von ihrem Vater mit einer hohen Apanage bedacht, heiratete später den Chirurgen Paul Niehans, Sohn einer hochangesehenen Berner Bürgerfamilie. Am 21. November 1882 wurde Paul junior geboren. Das Haus Hohenzollern, einschließlich des späteren Kaisers Wilhelm II., wußte, was es Anna Franziska und dem kleinen Paul schuldig war. Es stattete Mutter und Sohn mit reichen Mitteln aus.

Die Mutter hätte aus Paul junior gern einen Pfarrer, der kaiserliche Onkel lieber einen Offizier gemacht. Paul folgte dem Wunsch seines Vaters und wurde Arzt. Er konnte es sich leisten, zu forschen und zu reisen. Am Rockefeller Institut in New York lernte er Alexis Carrel kennen, neun Jahre älter als er selbst und ebenfalls Chirurg.

Carrel hatte seine Praxis an den Nagel gehängt und sich ganz der Zellforschung zugewandt. Er experimentierte mit Mäusezellen. Mäuse, das war bekannt, erreichten im allgemeinen ein Alter von zwei Jahren. Wenn Carrel ihnen nun einzelne Zellen aus Herz, Leber, Haut, Gehirn oder Muskeln entnähme und in eine Nährlösung legte, würden sie isoliert ebenfalls am Leben bleiben? Würden sie früher sterben oder länger leben oder vielleicht gar ewig?

Carrel war sich darüber im klaren, daß er die Zellen nicht nur ernähren, sondern die Nährlösung auch häufig wechseln müßte, damit die Gewebeteilchen nicht von ihren eigenen Stoffwechselprodukten vergiftet würden.

Er tat es. Das Resultat war eine Sensation. Die isolierten Zellen überlebten ihren Mutterorganismus um das Fünffache. Sie wurden zehn Jahre alt. Dann brach Carrel das Experiment ab. Daß er den Zellen durch ständige Zufuhr zentrifugierter »Frischzellen« immer neue, junge Zellen hinzugefügt hatte, ahnte er nicht. Er nahm an, isolierte Zellen seien unsterblich.

1912 machte Carrel ein weiteres Experiment. Er öffnete ein bebrütetes Hühnerei, nahm den Embryo heraus und löste aus dessen kleinem Herzen einige Zellen, gab sie in verdünnte Blutflüssigkeit und stellte sie in den Brutschrank.

Zu seiner Genugtuung konnte er feststellen, daß die Zellen weiterlebten und sich wieder und wieder teilten. Damit sich die Zellen an ihren Stoffwechselausscheidungen nicht vergifteten, erneuerte er auch bei diesem Experiment die Plasmaflüssigkeit in regelmäßigen Abständen.

Nach 65 Tagen erblickte Carrel etwas, das er sich nicht einmal zu träumen gewagt hätte: Aus den Zellen hatte sich ein ganzes, richtiges Herz gebildet, das von rhythmischen Schlägen durchpulst wurde.

Die Entdeckung erregte weltweites Aufsehen. Durch sie war bewiesen: Jede Embryonalzelle trägt in sich eine Art präexistenten Gedächtnisses, das sie befähigt, aus dem kleinsten Verband wieder ein ganzes, lebensfähiges Organ zu bilden. Carrel erhielt für seine Forschungsarbeiten 1912 den Nobelpreis.

Niehans war fasziniert von diesen Experimenten. Und Carrel fand diesen jungen, vor Forschungseifer glühenden Arzt so sympathisch, daß er ihn bat, sein Mitarbeiter zu werden. Aber Niehans war kein Mann, der im zweiten Glied arbeiten konnte. Hinzu kam, daß er seinen Weg noch nicht gefunden hatte. Auf alle neuen Erkenntnisse stürzte er sich mit Feuereifer und versuchte, die Forschungen nachzuvollziehen.

Damals hatte man gerade erkannt, daß der Hypophysenvorderlappen ein Hormon erzeugt, das für das Wachstum des Menschen verantwortlich ist. Fehlt es, wird der Mensch zwergwüchsig. Ist zuviel davon vorhanden, kommt es zu Riesenwuchs.

Niehans überpflanzte Hypophysenvorderlappen auf im Wachstum zurückgebliebene Menschen. Seine chirurgischen Fähigkeiten waren außerordentlich. Die Operationen wurden technisch einwandfrei durchgeführt. Und der Erfolg war erstaunlich. Die Patienten wuchsen tatsächlich – bis zu 32 Zentimeter. Bis 1929 hatte Niehans über 1000 Drüsentransplantationen durchgeführt.

Die konservative Ärzteschaft rund um den Genfer See sah es mit Erstaunen und mit Mißbilligung. Was sollte das Ganze? Drüsenverpflanzung, Zwergevergrößerung – war das die Beschäftigung, der ein seriöser Arzt nachgehen sollte? Man hielt nicht viel von der Tätigkeit des Dr. Paul Niehans. Und man ließ es ihn spüren.

Niehans scherte sich nicht darum. Die von Virchow und Carrel, Steinach und Voronoff entwickelten Ideen ließen ihn nicht los. Später schrieb er:

»Diese Anregungen als Prinzip interessierten mich, und ihnen wandte ich mich zu. Mein Anliegen war, präzise formuliert, gestörte Drüsenfunktionen durch die Verpflanzung korrespondierender oder ihnen entsprechender Drüsen zu revitalisieren, sie also in ihrer eigenen Art wieder auf volle Leistung zu bringen.«

Außer Hypophysen verpflanzte Niehans auch Nebennieren, Schilddrüsen und Nebenschilddrüsen. Und immer wieder verblüffte die brillante Technik seiner Operationsweise.

Möglicherweise wäre er bei diesen Praktiken geblieben, wenn einem Assistenzarzt am 1. April 1931 in der Klinik des Professors de Quervain in Lausanne nicht ein folgenschwerer Kunstfehler unterlaufen wäre.

Es handelte sich um die Kropfoperation von »Frau B. F., geboren 1884«, eine Routinesache, die der Chefarzt ohne Bedenken seinem Assistenten überließ. Aber dem jungen Arzt rutschte das Messer aus. Er verletzte die Nebenschilddrüsen. Das sind zwei hinter der Schilddrüse liegende, etwa linsengroße Epithelkörperchen. Sie erzeugen das Parathormon, das die Aufgabe hat, den Kalziumgehalt des Blutes zu regulieren. Können sie diese Aufgabe nicht mehr erfüllen, verfällt der Patient in tödliche Krampfzustände. Genau das geschah mit Frau B. F.

Der Assistent rief den Professor. Dem genügte eine kurze Untersuchung. Dann wußte er: Die Patientin war unrettbar verloren, wenn man nicht auf irgendeine Weise diese Drüsen wieder dazu bringen konnte, ihre Arbeit aufzunehmen.

De Quervain war klar, falls überhaupt noch Hilfe möglich war, dann konnte nur einer sie bringen: Niehans. Er wohnte ganz in der Nähe, in Vevey. Nach einigen Telefonaten erreichte der Professor den Arzt. Er schilderte ihm den Fall. »Können Sie helfen?« fragte er.

»Ich will es versuchen«, antwortete Niehans.

Er rief seinen Fahrer und telefonierte mit dem Schlachthof. Auf dem Weg zur Klinik besorgte er sich die Nebenschilddrüsen eines frisch geschlachteten Kalbes.

Als er endlich am Bett der Patientin war, stand deren

Leben auf Messers Schneide. Auf den ersten Blick erkannte Niehans, daß die Frau die schwierige Operation einer Drüsenverpflanzung nicht überleben würde. Die Klinikärzte sahen es auch.

Hatte Niehans aufgegeben?

Er verlangte eine Schere, nahm die Nebenschilddrüsen des Kalbes aus dem Behälter und zerschnitt sie in winzige Teile.

»Physiologische Kochsalzlösung!« befahl er. Die Flüssigkeit goß er über den Brei. Dann injizierte er diese Aufschwemmung in den oberen Brustmuskel.

Nie zuvor war auf der Welt etwas Ähnliches praktiziert worden. Auch Niehans hätte nie an eine derartige Methode gedacht. Es war die jähe Angst um ein Menschenleben, die ihm diesen Gedanken eingegeben hatte.

Was anschließend geschah, grenzte ans Wunderbare: Die Krämpfe ließen nach und waren nach zwei Stunden völlig verschwunden. Die Patientin erholte sich zusehends. Sie wurde gesund, kehrte nach Hause zurück und starb schließlich 30 Jahre nach diesem spektakulären Eingriff.

Niemand war überraschter als Niehans selbst. Später sagte er: »Das war der Tag, an dem die Zellulartherapie geboren wurde.«

Aber dieser 1. April war nicht nur der Geburtstag der Frischzellentherapie, sondern auch der Beginn einer regelrechten »Niehans-Legende«. Und kaum eine Persönlichkeit war zur Legendenbildung geeigneter als dieser Arzt mit der unbezwinglichen Ausstrahlung, dem weltmännischen Charme, den die Herkunft als Königsenkel und Kaiserneffe umwitterte, und der in seinem Haus Sonnenfeld, einem Märchenpalast, der einstmals Kaiser Haile Selassie gehört hatte, wahrhaftig wie ein Fürst residierte – angebetet von seiner Dienerschaft, bewundert von seinen Assistenzärzten.

Seine Klinik »La Prairie« wurde zum Treffpunkt der Kaiser und Könige, der Staatsoberhäupter, Künstler und Filmstars. Die Kaiserfamilie von Japan, die Könige von England, Marokko, Saudi-Arabien und des Jemen, der Herzog und die Herzogin von Windsor, Aga Khan, Charles de Gaulle, Konrad Adenauer, Winston Churchill, Dwight D. Eisenhower, Theodor Heuss, Somerset Maugham, Thomas Mann, Christian Dior, George Braque, Gloria Swanson, Greta Garbo und ungezählte andere Große, Reiche und Prominente ließen sich von ihm behandeln. Geld spielte keine Rolle – nicht für die Patienten, nicht für den Arzt.

Anfangs sprach Niehans ohne Bedenken von »Verjüngung«. 1937 veröffentlichte er sein Buch: »La Sénescence et le Rajeunissement« (Das Alter und die Verjüngung). Später ersetzte er diese von der Ärzteschaft als »unseriös« verurteilte Bezeichnung durch »Revitalisation«.

Aber von der Tatsache, daß er alte, verbrauchte Zellen durch frische, junge ersetzte, daß er jugendliche Kräfte gegen das Alter mobilisierte, war er bis zu seinem Tod überzeugt, und bis zu seinem Tod blieb er auch seiner Behandlungsmethode, der Injektion einer Aufschwemmung aus Organen frischgeschlachteter, ungeborener Schafe treu.

Er bevorzugte Bergschafe, weil sie zu den gesündesten und widerstandsfähigsten Tieren zählen. Von einem australischen Züchter hatte er erfahren, daß von dessen 40 000 Schafen im Verlauf von 30 Jahren nicht ein einziges krebskrank geworden sei.

Niehans erklärte seine Behandlungsmethode folgendermaßen: Die von ihm injizierten Frischzellen wandern im Körper des Patienten zu den verbrauchten, alten, reparaturbedürftigen Organen, Leber zu Leber, Herz zu Herz, Niere zu Niere, und ersetzen und revitalisieren dort die abgenutzten, fehlerhaften Zellen. Über seine Frischzellentherapie schrieb er:

»Sie ist eine biologische Behandlung, die dem menschlichen Zellenstaat mit seinen vierzig Trillionen Zellen diejenigen therapeutisch wirksamen Zellenelemente aus embryonalen oder jugendlichen Geweben zuführt, die er zu seiner Revitalisation benötigt. Durch die Zellinjektionen wird auch der chirurgische Eingriff überflüssig.«

Eine kühne Behauptung, die Skeptiker, Kritiker, Theoretiker, Männer der reinen Wissenschaft zu heftigen Protesten herausforderte. Wie will Niehans das beweisen? Krankengeschichte, Erfolgsmeldungen? Die genügen ihnen nicht. Wie oft waren Arzt und Patient solchen Selbsttäuschungen erlegen!

Niehans kann den Theoretikern keine überzeugende Antwort geben. Er kann nur immer wieder auf seine Erfolge hinweisen.

Einer seiner heftigsten Widersacher war der Marburger Professor Hans Schmidt, den man den Vater der Immunbiologie nannte. Er hielt Niehans für einen Scharlatan, der auf gemeingefährliche Weise mit dem Leben seiner Patienten spielte.

Für Schmidt, der sich jahrzehntelang mit dem Einführen artfremder Eiweißstoffe beschäftigt hatte, stand nach zahllosen Experimenten fest, daß Praktiken, wie Niehans sie anwendete, eine lebensbedrohende Schockwirkung, zumindest aber schwere Allergien auslösen mußten. Er korrespondierte mit Niehans. Aber auch der konnte die Tatsache, daß diese »Fremdkörper« keine negativen Auswirkungen auf den menschlichen Organismus hatten, nicht recht erklären.

Schmidt reiste in die Schweiz. Er wollte sich mit eigenen Augen davon überzeugen, was da vor sich ging. Der Marburger Professor beobachtete, wie das trächtige Schaf betäubt und ihm aus der Gebärmutter der Fötus entnommen wurde. Er war dabei, wie die Organe, Drüsen und Gewebeteile des ungeborenen Lammes zerkleinert, aufbereitet und in Injektionsspritzen aufgezogen wurden.

Dann begleitete er Niehans mit wachsendem Entsetzen zu den Patienten. Als Niehans die Tür zu einem der Krankenzimmer öffnen wollte, hielt Schmidt ihn am Arm fest. »Niehans«, sagte er erregt, »mit einem Fuß sind Sie bereits im Gefängnis. Ziehen Sie nicht auch noch den anderen nach.«

Niehans wehrte ihn lächelnd ab, gab den Patienten die Injektionen, immer begleitet von einem zusehends nervöser werdenden Schmidt. Der Professor beobachtete die Patienten. Keine Reaktion. Er besuchte sie am Abend und am nächsten Morgen. Die Frischzelleninjektionen waren allen hervorragend bekommen. Fassungslos sagte er: »Niehans, Sie haben meine zwanzigjährige Lebensarbeit mit einer einzigen Injektion ausgelöscht.«

»Aber gewiß nicht«, antwortete Niehans. »Sie haben völlig recht. Altes Eiweiß tötet den fremden Organismus innerhalb von acht Minuten. Aber junges Protoplasma heilt ihn.«

Was zu jener Zeit Erfahrungswissen war, ist heute labortechnisch erwiesen: Professor H. Wrba, Leiter des Krebsforschungszentrums in Wien, hat im Experiment nachgewiesen, daß fötale Zellen nicht artspezifisch, also von Mensch zu Mensch, Kalb zu Kalb, Schaf zu Schaf, sondern organspezifisch, also von Herz zu Herz, Lunge zu Lunge, Leber zu Leber wirken.

Damals wußte man das noch nicht. Und obwohl Niehans seine Widersacher immer wieder aufforderte, sich persönlich von den Wirkungen zu überzeugen, konnte er die teils ehrlich besorgten, teils ignoranten Kritiker nicht zum Schweigen bringen.

Da trat abermals ein Ereignis ein, das die Welt aufhorchen ließ. Es war die Heilung von Papst Pius XII. durch die Zelltherapie.

Im Jahre 1954 war der Heilige Vater sterbenskrank. Er litt an Magenbluten, ständigem Schluckauf, Schlaflosigkeit und totaler Erschöpfung. Der Leibarzt des Papstes hatte resigniert. Spezialisten aus aller Welt wußten keinen Rat mehr. Im Vatikan rechnete man mit dem Ableben des Papstes.

Da wurde auf eine Empfehlung Furtwänglers und durch Vermittlung von Monsignore Wüstenberg vom päpstlichen Außenministerium Niehans an das Bett des Kranken gerufen.

Pius XII. war in einem außerordentlich schlechten Zustand. Die Magenblutungen hatten ihn bis zum Skelett abmagern lassen, der dauernde Schluckauf hatte ihn geschwächt. Gepeinigt von der Schlaflosigkeit, war er dem Tode nahe. Niehans hat dem Papst – so kraftlos wie er war – nicht ohne Bedenken die Injektionen gegeben. Er hat Komplikationen befürchtet und sich ein Bett in einem Raum neben dem Schlafgemach des Heiligen Vaters aufschlagen lassen.

Aber es traten keine Komplikationen ein. Im Gegenteil: Der Gesundheitszustand des Papstes verbesserte sich von Tag zu Tag. Fünf Wochen nach der Behandlung konnte er wieder normal essen und kleine Spaziergänge machen.

Nach acht Wochen hatte er sein altes Gewicht wieder erreicht, und kurz darauf war er kräftig genug, seine Amtsgeschäfte im Vatikan wieder aufzunehmen.

Im Gegensatz zu den vielen Patienten, die der Frischzellentherapie zwar ihre Gesundheit und ihre Vitalität verdankten, sich aber nie dazu bekannt haben, hat Pius XII. Niehans hoch geehrt. Er zeichnete ihn mit dem Stuhl der Vatikanischen Akademie aus, den vor ihm kein Geringerer als Alexander Fleming, der Entdecker des Penicillins, innehatte.

Auch Theodor Heuss, der erste Präsident der Bundesrepublik, hat sich zu Niehans bekannt. Auf seine Empfehlung hin erhielt der Frischzellen-Professor aus der Schweiz die Ehrendoktorwürde der Universität Tübingen.

Ein Jahr lang wurde Niehans von der Presse umlagert. Aber je höher sein Ruhm stieg, um so größer waren auch die Anfeindungen, denen er ausgesetzt war. Er starb im September 1971, im Alter von 88 Jahren. Der Streit um die Frischzellentherapie jedoch ist noch immer nicht beigelegt. Noch immer wird behauptet, meist von Ärzten oder Wissenschaftlern, die sich nie mit der Zelltherapie beschäftigt haben, die Injektionen, die ja artfremdes Eiweiß darstellen, könnten heftige allergische Reaktionen verursachen.

Diese Behauptung ist längst widerlegt. In den letzten drei Jahrzehnten, in denen Tausende von Patienten mit Frischzellen behandelt wurden, konnte in keinem einzigen Falle eine gefährliche Reaktion beobachtet werden, soweit sorgfältig gearbeitet wurde. Die Voraussetzungen dafür müssen allerdings gegeben sein:

- die Auswahl des richtigen Zellprogramms, die nur nach sorgfältiger Untersuchung des Patienten getroffen werden kann;
- gesunde Spendertiere, die tierärztlich, klinisch, bakteriologisch und serologisch überwacht werden;
- Aufbereitung des Zellmaterials unter absolut sterilen Bedingungen;
- unverzügliche Implantierung der Frischzellen, spätestens 40 Minuten nach Schlachtung des Spendertieres;
- stationäre Überwachung des Patienten.

Wenn alle diese Regeln erfüllt sind, kann es trotzdem zu leichten Reaktionen kommen: Rötungen an der Einstichstelle, kleine Quaddeln oder leicht erhöhte Körpertemperatur. Das sind erwünschte Reaktionen, die zeigen, daß die Therapie anschlägt. Eventuelle stärkere Reaktionen bekommt der erfahrene Frischzellentherapeut sofort in den Griff.

Nun gibt es allerdings auch eine Reihe von Ärzten, die der Meinung sind, die Frischzellentherapie würde zwar nicht schaden, aber nützen würde sie auch nichts. Die ganze hochgepriesene Wirkung sei nichts anderes als ein Placebo-Effekt, also Selbstsuggestion.

Das ist ein Irrtum. Denn Tiere haben keine Phantasie. Und die revitalisierende und entgiftende Wirkung der Frischzellen wurde viele Male im Tierexperiment nachgewiesen.

Professor Kment, Direktor des Instituts für Physiologie der Tierärztlichen Hochschule in Wien, beschäftigte sich intensiv mit dem Problem des biologischen Alterns der Organe und Gewebe. Seine Experimente sollten ihm Antwort auf die Frage geben: Ist fehlerhafte Zellbildung zu reparieren, sind Stoffwechselschlacken in alternden Organismen zu entgiften und zu entfernen?

In seinem Institut führte Kment umfangreiche zellbiologische Untersuchungen an männlichen und weiblichen Laborratten durch. Nachdem er sich von der Schädigung der Zellen in einem bestimmten Alter der Tiere überzeugt hatte, erhielten die weiblichen Ratten Zellinjektionen aus Placenta (Mutterkuchen), die männlichen aus Testis (Hoden).

Kment und seine Mitarbeiter stellten einwandfrei fest, daß die Injektionen die Lern- und Merkfähigkeit der Tiere gesteigert hatte, die Hautbeschaffenheit hatte sich erheblich verbessert, die Schwänze der Tiere waren elastischer und rißfester geworden, und die Hauptschlagader war elastischer als die gleichaltriger, unbehandelter Tiere.

Inzwischen weiß man auch sehr genau, was im Körper des Menschen nach einer Frischzelleninjektion vor sich geht: Die eingespritzten Zellen werden von den Phagozyten (Freßzellen) in ihre Bestandteile zerlegt und durch die Blutbahn zu den betreffenden Organen und Drüsen transportiert. Dort regen sie vor allem die Enzyme, die DNS und RNS zur Zellerneuerung an.

Der inzwischen verstorbene Leiter des Instituts für experimentelle Krebsforschung in Heidelberg, Professor H. Lettré hat nachgewiesen, daß sich die eingespritzten Zellen tatsächlich in jenen Organen ansammeln, für die sie bestimmt sind. Er hat unter anderem Gehirnzellen mit radioaktivem Phosphat markiert und sie Ratten eingespritzt. Auf diese Weise konnte er den Weg der Zellen verfolgen: Sie wanderten prompt in das Rattenhirn. Ein Beweis dafür, daß die Zelltherapie tatsächlich ganz spezifisch wirkt. Und noch ein weiteres Resultat konnte bei diesen Versuchen verzeichnet werden: Je stärker ein Organ vorgeschädigt war, um so größer war in ihm die Ansammlung der implantierten Zellen.

In welch starkem Maße die Injektion von Frischzellen hochgradige Vergiftungen rückgängig machen kann, beweist ein Fall, der sich 1958 im jugoslawischen Kernforschungszentrum von Vinca zugetragen hat.

Wie es zu dem schlimmsten Unfall, der damals durch radioaktive Strahlen verursacht wurde, kommen konnte, weiß man nicht genau. Die Jugoslawen haben den Schleier der Geheimhaltung nie ganz gelüftet. Fest scheint zu stehen, daß der Reaktor außer Kontrolle geraten ist. Das heißt: eine ungeheure Strahlenmenge wurde frei. Sechs Wissenschaftler, darunter eine Frau, sind, wie nachträglich ermittelt wurde, von Dosen zwischen 700 und 1000 Röntgen, zwei sogar von über 1200 getroffen worden. Schon 400 können tödlich sein.

Die Wissenschaftler wußten sehr genau, daß sie verloren waren. Einer von ihnen, der in Paris studiert hatte, verlangte, daß er und die anderen Strahlenopfer ins Curie-Hospital nach Paris überführt wurden.

Schon am nächsten Tag landeten die Kranken in Orly. Sie waren noch gehfähig, aber schon so schwach, daß man sie auf dem Weg zu dem Botschaftsauto, das sie ins Hospital bringen sollte, stützen mußte.

Der Krankheitsverlauf war »klassisch«. Wie bei den Opfern von Hiroshima wurden die sechs Wissenschaftler zusehends kraftloser. Sie mußten sich heftig erbrechen, hatten bald keine Empfindungen mehr und lagen völlig bewegungslos in ihren Zimmern im 2. Stock des Curie-Hospitals in der Rue d'Ulm.

Die Ärzte, die sie betreuten, durften sich ihnen nur nähern, nachdem sie sich in einem besonderen Raum keimfrei gemacht hatten. Sie trugen Handschuhe, Hauben und Mundschutz – nicht weil sie eine Anstekkung befürchteten, sondern weil sich die roten und weißen Blutkörperchen der Patienten immer mehr zersetzten. Jede Infektion, ja der leiseste Schnupfen, wäre für sie tödlich gewesen.

Die beiden Opfer, die die höchste Strahlendosis mitbekommen hatten, starben. Die vier anderen verloren alle Haare. Ihre Gesichter vergreisten.

Die Ärzte gaben ihnen Bluttransfusionen. Aber das fremde Blut zersetzte sich sofort im Körper der Opfer. Die Kranken verfielen in tiefe Bewußtlosigkeit.

Da kam einem der Ärzte eine verzweifelte Idee. Schuld an dem scheinbar sicheren Tod der Strahlenopfer war das durch Radioaktivität verseuchte Knochenmark, das nicht mehr imstande war, lebensfähige Blutkörperchen zu bilden. Wie, wenn man den Sterbenden frische Knochenmarkzellen einspritzte? Würden diese Zellen imstande sein, das zerstörte eigene Knochenmark zu entgiften und zu ersetzen?

Es war keine Zeit für lange Experimente. Die Ärzte entnahmen Spendern mit dicken Nadeln aus Brustbein und Hüftknochen eine rötliche Flüssigkeit: das Knochenmark.

Etwa 200 Kubikzentimeter, das entspricht einer Menge von zehn bis vierzehn Milliarden Markzellen, wurden jedem der Patienten eingespritzt.

Normalerweise hätte eine solche Menge artfremdes, altes Eiweiß zu einem tödlichen Eiweißschock führen müssen. Da aber im Fall der vier Strahlenopfer die körpereigenen Abwehrkräfte nicht mehr existierten, bestand die Hoffnung, daß die Frischzellen aufgenommen wurden. Schon nach wenigen Minuten kündigte sich das an, was man später als »das Wunder von Vinca« bezeichnete.

Dr. Courtial, der Leiter des Curie-Institutes drückte es so aus: »Es ist wunderbar zu sehen, wie diese ins Blut injizierten fremden Markzellen sofort ihren natürlichen Platz einnehmen und in den Knochen die kranken Zellen ersetzen.«

Die vier Patienten, bei denen der Todeskampf schon eingesetzt hatte, bildeten jetzt mit dem fremden Knochenmark neues Blut, das gesund und reich an Blutkörperchen war. Ihr Zustand besserte sich sehr schnell. Nach einigen Tagen konnten sie wieder Nahrung zu sich nehmen. Ihre welk gewordene Haut straffte sich, die Haare wuchsen nach, die Strahlenschäden klangen ab.

Dutzende von Forschern, Ärzten und Biochemikern untersuchten die Strahlenopfer, testeten die einzelnen Organe, analysierten ihr Blut. Es gab keinen Zweifel. Die Frischzellen aus dem Knochenmark hatten vier Menschen das Leben gerettet.

In den 35 Jahren, in denen wir kranke, schwerkranke, vor allem aber erschöpfte, vor der Zeit gealterte Menschen mit Frischzellen behandelt haben, konnten wir immer wieder feststellen, daß erhebliche Erfolge erzielt wurden bei:

- Funktionsstörungen von Leber und Niere, Nebennierenschwäche, Potenzstörungen, Sterilität, chronischen Entzündungen, Schilddrüsenerkrankungen, Magen- und Darmbeschwerden;
- Durchblutungsstörungen, Arthrosen und Arthritis, Muskelschwund, Bronchialasthma, Hauterkrankungen;
- Funktionsstörungen des Herzmuskels, Altersherz, beginnende Entartung der Herzkranzgefäße;
- Beschwerden der Wechseljahre, allgemeine Abbauerscheinungen, Erschöpfungszustände, nervöse funktionelle Störungen.

Hierzu als Beispiel folgendes Behandlungsschema: Jeweils Sonntag ist Anreisetag. Am Montag werden die Patienten gründlich untersucht: EKG, Blutbild, Blutsenkung, Urinstatus. Nach dem Untersuchungsbefund richten sich Art und Zahl der Injektionen.

Da in den meisten Fällen nicht nur ein Organ vorgeschädigt ist, bekommt der Patient ein ganzes Bündel von Frischzellen, in der Regel 30 bis 35, die in acht bis zehn Injektionen in den Gesäßmuskel gegeben werden. Die Einstiche sind kaum spürbar.

Nach der Behandlung muß der Patient eine halbe Stunde auf dem Bauch liegen, damit sich die Frischzellen besser verteilen können. Dienstag ist strenge, Mittwoch eingeschränkte Bettruhe verordnet. Donnerstag dürfen die Patienten aufstehen. Freitag sind Spaziergänge erlaubt. Samstag ist Abreisetag. Es gibt Spontanwirkungen. Meist aber tritt Besserung oder Heilung erst nach vier bis sechs Monaten ein.

Die wesentlichste Voraussetzung für eine erfolgreiche Frischzellentherapie sind die Spendertiere. Ihre Haltung, frei von Umweltschäden, wird immer schwieriger. Die oft verwendeten domestizierten Schafrassen, die als Haustiere gehalten werden, auf gedüngten Wiesen grasen und mit Chemikalien angereichertes Futter fressen, halte ich für ungeeignet.

Das robuste Bergschaf hingegen, das auf den Hochalmen der Gebirge weidet, halte ich als Spendertier für optimal. Auch dort fällt saurer Regen. Aber der Boden hat keinen Blei- und Cadmiumgehalt. Trotzdem werden das Fettgewebe und die Organe der Tiere, in denen sich vornehmlich Umweltgifte speichern, wie Nieren, Nebennierenrinden und Leber ständigen Kontrollen unterzogen.

Wenn in einer 1984 veröffentlichten Studie des New York State Health Department vorausgesagt wird, daß sich, bedingt durch immer stärkeres Eindringen lebensfeindlicher Substanzen in die gesamte Biosphäre, die Zahl der Krebserkrankungen in den nächsten 40 Jahren verdoppeln wird, dann sollte man das nicht einfach als Schicksal akzeptieren. Alterungsprozesse, Adernverkalkung, auch Krebs sind Stoffwechselerkrankungen. Und je älter wir werden, desto mehr Stoffwechselschlacken und Giftstoffe sammeln sich im Organismus an. Daß heute jeder fünfte an Krebs stirbt, während es um die Jahrhundertwende nur jeder 30. war, ist zwar auch eine Folge der immer weiter fortschreitenden Umweltvergiftung, hauptsächlich jedoch hat es mit der gestiegenen Lebenserwartung zu tun. Denn Krebs ist eine Alterskrankheit. Die Statistik beweist es: Von 100 000 Bundesbürgern sterben bis zu ihrem 55. Lebensjahr nur 51 an Krebs. Von da steigt die Sterblichkeit sprunghaft an. Ab 55 sind es 5180.

Noch können wir nicht sagen, warum der eine an Krebs erkrankt und der andere nicht. Es verdichten sich jedoch die Beweise, daß es eine Summe von Ursachen ist, die der Krankheit Vorschub leistet: Verminderung der körpereigenen Abwehr, Ungleichgewicht der Hormonmuster, Fehler bei der Zellneubildung und Summierung jener Faktoren, die man als krebsfördernd erkannt hat, die Umweltgifte, Streßbelastung und Depressionen.

Schon Niehans war der Überzeugung, daß Frischzellen den Körper entgiften und seine Abwehrkräfte, auch gegen Krebs, stärken. Zu einer Zeit, als kein ernstzunehmender Wissenschaftler an eine körpereigene Immunabwehr gegen Krebs glaubte, machte Niehans nach vierzigjähriger Beobachtungszeit eine Rundfrage bei Patientinnen, die er gegen Beschwerden der Wechseljahre behandelt hatte.

Er schrieb: »Da ich Zellen von relativ krebsresistenten Tieren einspritzte, ist es für mich wichtig zu erfahren, ob dadurch Patienten, die meine Vorschriften eingehalten haben, krebsresistent werden.«

Niehans erhielt über 1000 Antworten. Sie gaben ihm recht. Statt der statistisch zu erwartenden Zahl von 20 Prozent, waren von den mit Frischzellen behandelten Frauen nur 1,2 Prozent an Krebs gestorben.

Niehans war überzeugt davon, daß man Krebs verhüten könne, wenn man, von der Kindheit bis ins hohe Alter, etwa alle drei Jahre frische krebsresistente Zellen einspritzt.

Niehans konnte diese Behauptung nie beweisen. Sie wurde später von Professor Dr. Hoepke, Heidelberg, durch einen Test untermauert. Hoepke injizierte

46 Ratten Benzpyren-Tumore. Einundzwanzig Wochen später gab Entz, ein Mitarbeiter Hoepkes, der Hälfte der Tiere Zellinjektionen, die anderen 23 Ratten blieben unbehandelt.

Nach zwei Monaten waren alle unbehandelten Tiere an allgemeinem Kräfteverfall gestorben. Die Obduktion ergab, daß 35 Prozent der Ratten Metastasen hatten. Die behandelten Tiere waren jedoch noch alle am Leben. Ein Vierteljahr später waren erst 13 Prozent und nach sechs Monaten insgesamt 48 Prozent gestorben. Bei den 52 Prozent, die am Leben blieben, hatten sich die zum Teil walnußgroßen Tumore vollständig zurückgebildet. Sie starben nach weiteren vierzehn Monaten den Alterstod.

Das sind erstaunliche Ergebnisse. Aber kann man daraus schon folgern, daß Frischzellen tatsächlich entschlacken, entgiften, revitalisieren und fehlerhafte Zellen reparieren?

Die zuverlässigste Methode, Gewißheit zu erlangen, ist noch immer die Blutuntersuchung. Unser Blut besteht ja nicht nur aus Erythrozyten, Leukozyten und Thrombozyten, sondern auch aus Plasmazellen, Eiweißkörpern, Wasser, anorganischen Salzen und sogenannten Transportstoffen. Man kennt im ganzen 28 Beimischungen. Je größer die Stoffwechselschlacken, je höher die Summation der giftigen Rückstände, desto größer ist die Zahl der Beimischungen. Gerade mit fortschreitendem Alter erhöht sich der Gehalt an Zucker, Kalzium, Reststickstoff, Jod und Cholesterin im Blut.

Analysen, die vor und nach einer Behandlung mit Frischzellen gemacht werden, zeigen immer wieder, daß diese Blutbeimischungen in meßbaren Quanten zurückgehen. Die Blutzusammensetzung nach einer Frischzellenbehandlung entspricht im allgemeinen derjenigen von jüngeren Menschen.

Die Frischzellentherapie ist zweifellos eine Methode, mit der man einmalig oder in großen Abständen, seinen Organismus entschlacken und entgiften kann. Alle anderen Methoden jedoch, die in diesem Buch erläutert und geschildert wurden, sind Anleitungen für das tägliche Leben.

In einer Zeit, in der die Luft über der Bundesrepublik so mit Schadstoffen belastet ist wie in keinem anderen Land, müssen wir mehr tun als je zuvor, um so gesund und so natürlich zu leben wie nur eben möglich. Das macht manchmal Mühe, oft kostet es auch Geld. Und manch einer wird sich fragen: Kann ich mir das leisten? Aber die Gegenfrage lautet: Kann man es sich leisten, frühzeitig krank, verbraucht und mit einer Vielzahl von Beschwerden behaftet zu sein?

Ich bin der Überzeugung: Die Umstellung einiger Lebensgewohnheiten, vernünftig zu essen, einen guten Gebrauch zu machen von all den Mitteln, die uns die Natur gegeben hat, ist kein zu hoher Preis für ein Leben, das bis ins hohe Alter lebenswert bleiben soll.

Weiterführende Literaturhinweise

Bankhofer, Hademar: Gesundheit aus der Badewanne. Kuren und heilen mit Wasser. München, Zürich 1984.

Bieler, Henry G.: Food is your best medicine. New York 1973.

Block, Siegfried: Die große Chance. Naturheilverfahren – eine Waffe gegen den Krebs. München 1982.

Block, Siegfried: Besser essen, länger leben. Alles über Schlemmen, Fasten und vernünftige Ernährung. München 1983.

Block, Siegfried: Soviel sollte uns am Herzen liegen. Rezepte für ein Leben ohne Infarkt. München 1985.

Böhmig, Ulf: Alternative Hausapotheke. Alternativen zu den synthetisch-chemischen Medikamenten. Wien 1985.

Carson, Rachel: Der stumme Frühling. München 1981.

Cecchini, Tina: Lebenssäfte, Lebenskräfte. Heilpflanzen für unser Wohlbefinden. Frankfurt am Main, Berlin, Wien 1979.

Daugherty, Ralph C.: Sperm Density and Toxic Substances. A Potential Key to Environment Health Hazards.

Druckrey, Hermann: Experimentelle Beiträge zum Mechanismus der cancerogenen Wirkung. In: Arzneimittel-Forschung. Aulendorf/W., Jg. 1, 1951, H. 9, S. 383 ff.

Eichholtz, Fritz: Biologische Existenz des Menschen in der Hochzivilisation. Karlsruhe 1959.

Fischer, Claudia, Reinhold Fischer: Tu was! Das Umweltbuch zum Mitmachen. Frankfurt am Main, Berlin, Wien 1984.

Handbuch für Leber- und Gallenkranke. Diätanleitungen f. gesunde u. kranke Tage mit Rezeptteil u. eingehenden Ratschlägen aus e. ärztl. Zentrum modernster Heilkunst. Von Mitarb. d. Privatklinik Bircher-Benner. Hrsg.: Ralph Bircher. 20., überarb. Aufl. Bad Homburg v. d. H., Zürich 1977. (Bircher Benner-Diätbücher, 1).

Handbuch für Nieren- und Blasenkranke. Diätanleitungen für gesunde u. kranke Tage mit Rezeptteil, eingehenden Ratschlägen u. ausgearb. Kurplan aus e. ärztl. Zentrum modernster Heilkunst. Von Mitarb. d. Privatklinik Bircher-Benner. Hrsg.: Ralph Bircher. 7., überarb. Aufl. Bad Homburg v. d. H., Zürich 1980. (Bircher-Benner-Diätbücher, 9).

Handbuch Kopfschmerzen und Migräne. Echte Heilwege ohne Schmerzmittel. Von Mitarb. d. Privatklinik Bircher-Benner. Hrsg.: Ralph Bircher. Bad Homburg v. d. H., Zürich 1971. (Bircher-Benner-Diätbücher, 15).

Kapfelsberger, Eva, Udo Pollmer: Iß und stirb. Chemie in unserer Nahrung. Mit Ratschlägen für d. Verbraucher. Köln 1982.

Koch, Egmont R.: Umweltschutz zu Hause. Was jeder tun kann. Unter Mitarbeit von Reinhard Klopfleisch u. Uwe Lahl. München 1984.

Kretschmer-Dehnhardt, Liselotte, Helmut Anemueller: Neue Vollwert-Diät-Rezepte für ... Heft 1–6. Bad Homburg.

Lewin, Louis: Die Gifte in der Weltgeschichte. Toxikologische, allgemeinverständliche Untersuchungen der historischen Quellen. Reprograph. Nachdruck d. Ausg. Berlin, Springer 1920. 2. Aufl. Hildesheim 1983.

Lützner, Hellmut: Wie neugeboren durch Fasten. Neuausg. München 1980.

Lysebeth, André van: Die große Kraft des Atems. Die Atem-Schule d. Pranayama. 3. Aufl. Bern, München, Wien 1978.

Magee, P. N. / J. M. Barnes: Production of malignant primary hepatic tumours in rat by feeding dimethylnitrosamine. In: The British Journal of Cancer. London, Vol. 10, März 1956, S. 114–122.

Notermans, S., u. a.: Beurteilung des bakteriologischen Status frischen Geflügels in Läden und auf Märkten. In: Die Fleischwirtschaft. Frankfurt am Main, Jg. 61, 1981, Heft 1, S. 131–134.

Randolph, Theron G., Ralph W. Moss: Allergien. Folgen von Umweltbelastung und Ernährung. Chronische Erkrankungen aus der Sicht der Klinischen Ökologie. Hrsg. von Anne Calatin. Karlsruhe 1984. (Alternative Konzepte, 49).

Schmidt, Robert F.: Medizinische Biologie des Menschen. Eine Einführung für Gesunde und Kranke. 2., überarb. u. erw. Aufl. München 1983.

Sinell, Hans J.: Einführung in die Lebensmittelhygiene. Berlin 1980. (Pareys Stud.-Texte, 21).

Stühmer, Rolf: Stühmers praktisches Gesundheitsbuch. Ein naturheilkundlicher Ratgeber von A–Z. Bergisch Gladbach 1983.

Walb, Ludwig, Ilse Walb: Die Haysche Trenn-Kost. Nach Dr. Hay und Dr. Walb. Gesund und schlank durch Trenn-Kost. Mit vielen erprobten Rezepten und Speisezetteln von Ilse Walb. 38. Aufl. Heidelberg 1983.

Weidenbach, Thomas, Imre Kerner, Dagny Radek: Dioxin – die chemische Zeitbombe. Bestandsaufnahme u. Auswege. Mit e. Vorwort von Robert Jungk. Köln 1984.

Why Johnny can't have Kids. In: Mother Jones. A Magazine for the rest of us. Boulder, Colo., April 1982.

Wilhelmi-Buchinger, Maria: Die Buchinger-Methode. Fasten als Weg zu Heilung und Gesundheit. Stuttgart 1984.

Register